"海洋梦"系列丛书

四海鼎沸

海洋灾害

"海洋梦"系列丛书编委会◎编

合肥工業大學出版社
HEFEI UNIVERSITY OF TECHNOLOGY PRESS

图书在版编目（CIP）数据

四海鼎沸：海洋灾害/“海洋梦”系列丛书编委会编．—合肥：合肥工业大学出版社，2015.9（2021.6重印）
ISBN 978-7-5650-2418-4

Ⅰ.①四…　Ⅱ.①海…　Ⅲ.①海洋—自然灾害—普及读物　Ⅳ.①P73-49

中国版本图书馆CIP数据核字（2015）第209054号

四海鼎沸：海洋灾害

“海洋梦”系列丛书编委会　编　　　　责任编辑　章　建

出　版	合肥工业大学出版社	版　次	2015年9月第1版
地　址	合肥市屯溪路193号	印　次	2021年6月第3次印刷
邮　编	230009	开　本	710毫米×1000毫米　1/16
电　话	总　编　室：0551-62903038	印　张	12.75
	市场营销部：0551-62903198	字　数	200千字
网　址	www.hfutpress.com.cn	印　刷	安徽芜湖新华印务有限责任公司
E-mail	hfutpress@163.com	发　行	全国新华书店

ISBN 978-7-5650-2418-4　　　　定价：35.00元

目　录

四海鼎沸——海洋灾害

第一章　狂风引动的狂潮：风暴潮

第二章　风暴之神：台风

第三章 海上迷魂：海雾

第四章 疯狂的摇篮：海浪

第五章 巨浪滔天的咆哮：海啸

第六章　白色杀手：海冰

第七章　其他海洋灾害

第八章 海灾带来的巨大海难

第一章
狂风引动的狂潮：风暴潮

“大风起兮潮飞扬”。沿海地区如果发现海风呼啸，海水水位异常升高，便要警惕风暴潮来袭，骇风巨浪推来一堵堵水墙，裹挟着巨大的破坏力，“一涌而上”，它会把人、船只等瞬间吞个精光。不管是台风风暴潮还是温带风暴潮，都来势汹汹，如果再与天文潮高潮重叠，那么潮灾就避免不了了。

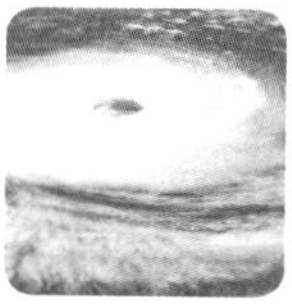

第一节　大气扰动海洋狂暴

风暴潮的形成

从所有的海洋灾害来看，对人类危害最大的是风暴潮。就世界上所有的海洋灾害而言，几乎都是由风暴潮造成的。

具体到风暴潮能否成灾，在很大程度上是由最大风暴潮位是否与天文潮高潮相叠决定的，特别是能否与天文大潮期的高潮相叠。固然，风暴潮的危害程度也受很多因素的影响，如受灾地区的地理位置、海岸形状、岸上及海底地形、社会及

天文大潮

经济等。当最大风暴潮位与天文大潮的高潮相叠的时候，其灾害便具有毁灭性。关于特大风暴潮有这些方面的资料：在 1992 年 8 月 28 日至 9 月 1 日，由于第 16 号强热带风暴和天文大潮的共同作用，我国东部沿海发生了新中国成立以来影响范围最广、损失非常严重的一次风暴潮灾害。其危害波及很多省市，如福建、浙江、上海、江苏、山东、天津、河北和辽宁等。而这次灾害产生的原因有很多，如风暴潮、巨浪、大风、大雨等。其不仅造成了人员死亡、农田受灾，而且还造成了严重的经济损失。

通常来说，受风暴潮灾害影响比较大的地区是那些地理位置正处于海上大风的正面袭击、海岸呈喇叭口形状、海底地势平缓、人口密度大、经济发达的地区。

当然，如果风暴潮位非常高，虽然未遇天文大潮或高潮，也会造成严重潮灾。8007 号台风风暴潮就属于这种情况。当时正逢天文潮平潮，由于出现了 5.94 米的特高风暴潮位，仍造成了严重风暴潮灾害。依国内外风暴潮专家的意见，一般把风暴潮灾害划分为四个等级，即特大潮灾、严重潮灾、较大潮灾和轻度潮灾。

风暴潮是受强劲风的影响把海水冲向海岸，如果遇到喇叭口似的入海口，或者说有河流的顶托作用，风暴潮会更强。

但是陆上的地震一般都不会引起强风或者海水的倒灌，就算是地壳运动引起的地震，地球内部热量涌出上升成云致雨，也只是陆地上有风而已（比如汶川地震后的暴雨天气），不会由海洋吹向陆地。

但是如果是海底地震就不一样了，很可能引起风暴潮，甚至海啸。

风暴潮的特征

风暴潮是一种自然灾害，它是由于强烈的大气扰动而导致海平面上升。它与天文潮相结合，如果恰巧碰上高潮阶段，其必然会带来海水水位的不断上涨，最终可能淹没内陆，后果不堪设想。根据以上所述，我们可以了解海平面变化与风暴潮的关系。

风暴潮来袭

当然，风暴潮与海啸同时发生的概率是非常小的。所以，一般情况下,它不被考虑在自然灾害之中。

风暴潮的发生必然会导致短重力波的产生，但是，在取得海面变化的验潮仪曲线中已把这些波浪都过滤掉了。这里我们必须要强调的是与这些重力短波相伴的某些效应是包含在验潮曲线中的。由于还无法将它们分离开来，所以这一效应中仍然包含着风暴潮。

当然，海平面发生变化是由很多因素造成的，如结冰、融化、加热和冷却等气象因子或气候变化乃至地球物理因素。然而，与风暴潮相比，它们的变化基本上可以忽略不计。为了消除它们，一般采用以月平均海平面为起算点这种办法。在这里应当特别说明的是在河口地区伴随风暴而倾泻的暴雨，或其所形成的洪峰，往往是风暴潮水位中不能忽略的成分，所以被列入考虑范围之内。

风暴潮来袭

验潮曲线中的主要成分是天文潮。所以，在验潮曲线中的首要任务就是消除天文潮，即把天文潮和风暴潮分开。然而，从动力学来说，由于海水运动是受天文引潮力和气象强迫力的共同作用，所以其属于一种非线性的现象。当然，这也是分离二者最为困难的地方。

通常情况下所采用的分离方法是由验潮曲线减去潮汐预报曲线所获“差值”作为“风暴潮曲线”。当然，只有当上述的非线性耦合不严重时，这种基于线性叠加原则的分离方法才最为实用。在某些情况下，上述差值曲线会有明显的潮周期。如果将天文潮预报的误差和潮汐观测技术的不足排除在外，那么差值曲线含有天文潮周期的这一现象是非常明显的，鉴于此种情况，可以归结为风暴潮和天文潮之间的非线性耦合。在大潮差的浅海中，这种非线性效应表现得特别严重。在这种情况下，人们唯一可以做的就是采用其他的分离方法。

风暴潮的分类

风暴潮有非常多的分类方法。如果从诱发风暴潮的大气扰动的特征来进行分类，一般情况下会把风暴潮分为两类，即由热带风暴（如台风、飓风等）所引起的和由温带气旋所引起的。除此之外，在中国北方的渤海、黄海还存在另一种类型的风暴潮，它的存在到目前为止还没有引起国际的关注。

一般情况下，热带风暴所经过的地区都会带来风暴潮，其中最为明显的季节是夏季和秋季。当然，出现这种灾害的地方有很多，如北太平洋西部、南海、东海、北大西洋西部、墨西哥湾、孟加拉湾、阿拉伯海、南印度洋西部、南太平洋西部沿岸和岛屿等。在这里我们可以以日本沿岸为例，由于受太平洋西部台风的侵袭，所以遭受非常多的风暴潮害，尤其是面向太平洋及东中国海的诸岛更容易遭受潮灾。而中国东南沿海也经常遭受台风潮的侵袭。同时，在很多地方因为发生飓风而形成了飓风潮，如墨西哥湾沿岸及美国东岸常遭受加勒比海附近发生的飓风的侵袭。同样，旋风也可以引发风暴潮，如印度洋发生的热带风暴、孟加拉湾的风暴潮等。

当热带风暴所引起的风暴潮传到大陆架或港湾中时就会表现出一种特有的情形，它大致可分为三个阶段：

第一阶段在台风或飓风还远在大洋或外海的时候，也就是在风暴潮还没有到来之前，人们已经觉察到潮位受到了非常大的影响，波浪波动比较缓慢。这种波浪属于风暴潮到来的前兆。它可以表现在海平面微微上升，当然，海平面微微下降也是一种表现。在这里我们必须要说明的是前兆不是必然的存在。

飓风登陆

第二阶段是风暴已逼近或过境的时候，此时这个地区的水位就会明显升高，浪头也非常大。此时也是最容易发生风暴潮的时候。然而，这个阶段持续时间并不长。

第三阶段当风暴过境以后，振动仍然存在，也就是假潮或者是自由波。这种假潮一般会出现在港湾或者是大陆架上。当风暴平行于海岸移行的时候，在大陆架上就会出现边缘波，这是一种特殊的振动，通俗点来说属于“余振”。余振也是存在很大危险的，当它的高峰恰巧与天文潮高潮相遇的时候，实际水位就会超出了该地的“警戒水位”，造成洪涝灾害，严重威胁着人们的生命财产安全。

你知道吗

风潮

风潮可以说是渤海、黄海所特有的。在春、秋过渡季节，渤海和北黄海是冷、暖气团角逐较激烈的地域，由寒潮或冷空气所激发的风暴潮是显著的，其特点为水位变化持续而不急剧。由于寒潮或冷空气不具有低压中心，因而可称这类风暴潮为风潮。

而冬季和春季是温带气旋引起的风暴潮的高发季节。产生这种风暴潮的地方有很多，如北海和波罗的海沿岸的风暴潮，美国东岸的风暴潮等。

以上提到的两类风暴潮有很大的区别，通常情况下，由热带风暴引起的风暴潮会伴有急剧的水位变化；而由温带气旋引起的风暴潮一般不会有急剧的水位变化，其水位状态带有持续性。总之，可以这样说，热带风暴的影响更大。

风暴潮历史回顾

风暴潮是一种非常严重的自然灾害，它多发生在海洋沿岸，这种

热带风暴引起的风暴潮

台风袭击美国东海岸

灾害的形成原因不是单一的，它是大风和高潮水位共同作用的结果。一旦发生风暴潮就会造成地方水位上升，洪水增多，严重威胁人民的生命财产安全。

通常情况下，风暴潮分为两类：由台风引起的台风风暴潮和由温带气旋等引起的温带风暴潮。一般来说，夏秋季节是台风风暴潮的多发期，来势猛、速度快、强度大、破坏力强是台风风暴潮的特点，其多发生在海洋沿岸地区。而春秋季是温带风暴潮的多发期，但有时候也会在夏季出现，其特点是增水过程比较平缓，与台风风暴潮相比，其增水高度比较低，它多发生在中纬度的沿海地区，如欧洲北海沿岸、美国东海岸以及我国的北方海区沿岸等。

从全球来看，共有8个热带气旋多发区，而那些位于温带气旋附近的地区也都容易受到风暴潮的侵袭。

其中台风最易生成的海区是西北太平洋，全球台风有接近一半发生在这个海区，同时，这里的台风强度也是最大的。纵观西北太平洋的沿岸国家，受台风袭击最多的就是中国。从相关的史料记载来看，每隔三四年就会发生一次特大的风暴潮灾。如1922年8月2日，汕头地区受到强台风风暴的袭击，导致了特大风暴潮灾害的发生，其不仅造成了人员的大量伤亡，而且还造成了严重的经济损失，人们无法正常生活。在1956年8月2日，当时正处于朔望大潮时期，浙江杭州湾发生了特大风暴潮,水位明显上升。而1990年4月5日发生在渤海的温带风暴潮，也给人类造成了严重的损失。

除此之外，日本伊势湾顶的名古屋，由于受地理位置和海底地形条件的限制，所以风暴潮频发。通过相关资料，我们可以得知：在1959年9月26日日本发生了严重的风暴潮灾害，其不仅导致人员大量伤亡，而且还带来了严重的经济损失。

你知道吗

新中国成立最大的风暴潮灾害

新中国成立以来最大的一次风暴潮是1956年的12号台风。1956年8月1日21时前后，台风中心经过浙江省台州大陈岛附近，中心气压923百帕，近中心最大风速63米/秒。24时在象山港登陆，最大风速为50～60米/秒。浙北、浙中海域的风力都在12级（32.6米/秒）以上，普遍出现暴雨到大暴雨。这次台风损坏海塘江堤3143处，计长434千米。象山港增水4.7米，海水倒灌，致使沿海纵深10千米内淹田36万公顷。

名古屋风光

而孟加拉国由于邻近印度洋，位于孟加拉湾的海岸呈喇叭口状，所以特别容易受风暴潮的侵袭。根据相关资料，在1970年11月13日，孟加拉国发生了特大风暴潮灾害。人员伤亡惨重，生还者流离失所，无法正常生活。在1981年又发生一次严重风暴潮，因为预报及时，人们采取了非常有效的措施，这才得以把损失降到最低。但10年之后，也就是1991年的特大风暴潮又造成了大量人员伤亡。

同时，由于美国地处中纬，濒临大西洋，所以它也经常受到风暴潮灾害。夏秋季节是风暴潮的高发期，而其东北部海岸因为濒临大西洋，所以主要的风暴潮类型为温带风暴潮。据统计，特大飓风风暴潮约每隔四五年发生一次，其所造成的损失是巨大的。

荷兰地势比较低，为风暴潮的发生提供了条件。根据相关资料记载，在1953年1月底荷兰遭受了特大温带气旋的袭击，水位不断增加，洪水泛滥，导致人员伤亡惨重，生还者流离失所，而经济发展也受到了重创，人们无法正常生活。同时，这次强风暴潮过程还侵袭了英国及北海海岸的一些西欧国家，导致了人员伤亡。

第二节　风暴潮的预防

风暴潮的监测

风暴潮监测主要依靠沿岸的验潮站进行。我国的验潮历史可追溯到1900年前后。据统计，1949年前全国只有14个验潮站。由于管理混乱，大多数仅留下部分高、低潮资料。新中国成立后，随着我国国防、航运、水产、海洋开发与海洋工程等事业的不断发展，沿海地区相继建立了众多验潮站。目前沿海的验潮站大约已有200多个，分别隶属于国家海洋局、水利部、交通部和海军等部门。

沿海的验潮站

你知道吗

我国验潮站的发展

从1979年开始先后有36个潮位站通过国家公众电信网，在风暴潮影响期间以代码电报形式向国家海洋环境预报中心拍发实时潮位报。1986年发报站增加至52个，1990年增至64个，逐步形成了我国的风暴潮监测系统。现在国家海洋局所属的验潮站的实时资料传输还可通过局内专用通信网实施。

但是由于验潮仪观测通常只局限于近岸地区，同时站位的分布也不均匀，所以并不能测量整个近岸和内陆的潮位，当风暴潮影响过后，通常还需进行风暴潮过后的现场调查。从 20 世纪 70 年代后期起，国家海洋局等单位就对几次强台风风暴潮进行了现场调查，获得了极其珍贵的资料。这些资料在对风暴潮预报技术的改进和沿海工程建设中发挥着重要作用。

风暴潮的预报方法

通常来说，风暴潮预报分为两大类：“经验统计预报”和“动力——数值预报”。通俗来说，可以简称为“经验预报”和“数值预报”。

所谓经验统计预报，主要用回归分析和统计相关资料来建立指标站的风和气压与特定港口风暴潮位之间的经验预报方程或相关图表。简单、便利、易于学习和掌握，且对于某些单站预报能有较高精度是其优点。然而，它也是存在缺点的，如其必须依赖于这个特定港口的充分长时间的验潮资料和有关气象站的风和气压的历史资料才能回归出一个稳定的预报方程。如果某些沿海海域没有足够长的资料，必然无法得出稳定的经验预报方程。所以，这种方法并不普遍适用。另外，相对来说，由于巨大的、危险性的风暴潮数量比较少，所以，通常情况下，用历史上风暴潮的资料作子样回归出的预报方程具有这样一种统计特性：当它预报中型风暴潮的时候有着非常高的精度，但是如果用以预报那些特大型风暴潮，其预报的极值通常比实际产生的风暴潮极值要偏低。除此之外，经验方法制定的预报公式或相关图表只能用于特定港口，对其他港口并不适用。所以，其缺点是必然存在的。

港口城市概貌

所谓风暴潮“数值预报”就是“数值天气预报”和“风暴潮数值计算”二者组成的统一整体。数值天气预报给出风暴潮数值计算时所需要的海上风场和气压场，也就是大气强迫力的预报；而风暴潮数值计算是在给定的海上风场和气压场强迫力的作用下、在适当的边界条件和初始条件下用数值求解风暴潮的基本方程组，这样就可以给出风暴潮位和风暴潮流的时空分布，其中包括了岸边风暴潮位的分布和随时间变化的风暴潮位过程曲线。当然，由于其更客观、更有效，所以它必然成为将来风暴潮预报的主要方向。

当然，由于风暴潮所造成的灾害非常严重，所以其早已引起了世界各国和科研机构的关注。到目前为止，国外开展风暴潮观测、研究和预报工作的国家有很多，如美国、英国、德国、法国、荷兰、比利时、俄罗斯、日本、泰国和菲律宾等。在这方面中国也有研究，但是起步比较晚，真正对风暴潮展开全面研究是在20世纪70年代之后。如今，我国在这方面也取得了非常好的成果，如把数值预报产品应用于进行风暴潮位的业务预报、建立风暴潮的监测和通信系统等。

世界最宏伟的防潮闸

世界各大河口区，多是通航的要道，经济发达，人口众多，商贸繁荣，又是易受风暴潮侵袭的地方。如何确保河口区免受潮灾，又不影响水运交通，一直是各沿海国家致力解决的问题。许多国家在河口段设置了各种防潮闸，其中以荷兰新建的防潮闸工程最为壮观。

荷兰防潮闸风光

荷兰于20世纪80年代决定在阿姆斯特丹市河口区建一座现代化大闸门，通过论证分析，并经公开招标，从6种方案中，选出了代号为BMK的设计方案，作为施工依据。在这项工程中，最突出的是两扇巨大的防潮闸大门，被认为是世界之最。每扇闸门重约3.6万吨，实际上是以转动球为圆心的长弧的一部分。闸门宽约300米，是采用可升降的船体式空腔技术制作的，船体高22米，长210米，里面分有许多舱室，其中1个为电机房，内有电力和水力装置的启动设备，其余舱室为水室，以便利用水量来调控船体的沉浮。闸门用多根钢梁桁架连接转动圆心，桁架长238米。为使闸门灵活转动，特别铸造了直径为10米、重680吨的钢球，作为它的支点圆心。钢球放置在有8块凹面的铸钢体内。铸钢凹块被固定在重5.2万吨的三角形水泥地基上，它的承受力约为7万吨。

我国建设中的防潮闸工程

你知道吗

荷兰为什么要建防潮闸

荷兰位于西欧，濒临北海，全境地势低洼，河流纵横交错，水渠网络稠密。全国面积近5万平方千米，其中约一半位于海拔1米以下。加之沿海地带一般潮差显著，极易受潮灾水患的威胁，尤其西南部沿海，潮灾更为严重。长期以来，荷兰人民围海造陆、修堤筑坝，在与潮灾水患斗争中，积累了丰富的经验。如果没有这些防潮工程设施，一旦潮水泛滥，“半壁江山”将落入水下。

平时，防潮闸开放着，以便上游排水和船只通航。这时的两扇闸门，都存放在专用船坞里，当风暴潮来临时，才关闭闸门，以挡潮水内侵。为使闸门能关得紧密，在河床上铺着沙和卵石制成的水泥板，这些板块重约4万吨。大闸门的开关，全部用计算机操作。当潮位超过阿姆斯特丹常年平均海面3.2米时，先把水放进船坞，浮起里面的闸门，打开船坞门后，将闸门牵引到水道中央。这时，打开闸门里各舱室让水灌入，使闸门下沉到离河床底1米处，利用底下的急流把下面的泥沙冲净，再让闸门平稳地落到河床上，把河道关闭。待风暴潮过后，先将闸门各舱室的水排出，使闸门浮起来，牵回船坞放好，排干坞内积水，关闭坞门，完成了一次闸门关开的程序。

防潮闸门开启和关闭的时间，一般不超过 30 小时，不会引起河水暴涨泛滥。如果闸门关闭时引起里面水位上升，超过了闸外海面水位时，可将闸门上浮一段，让河水从底层空隙处排海。

荷兰防潮闸工程，保障了阿姆斯特丹地区 100 多万居民免受潮灾之苦。工程总投资约为 9 亿美元，是当时世界上最宏伟的防潮工程之一。它的建成对其他沿海国家，起到了良好的示范和借鉴作用。

第二章
风暴之神：台风

台风是一种常见的海洋灾害，对于中国东南和南方沿海地区，台风更是“常客”，每年都会不止一次“造访”。台风威力强大，风力在12级以上，超强台风风力达16级以上。台风来临时大雨如注，激发风暴潮，令人望而生畏；当然，调剂地球热量、顺便缓解周边地区的旱情，应归功于台风所带来的好处。

第一节　肆虐的台风

台风的由来

台风是发生在西北太平洋和南海一带热带海洋上的猛烈风暴。相信大家对江河中的漩涡并不陌生，而台风与这些漩涡出现有着相似的条件。事实上，台风就是在大气中绕着自己的中心急速旋转的、同时又向前移动的空气涡旋。它在北半球作逆时针方向转动，在南半球作顺时针方向旋转。从气象学上来说，这种大气中的涡旋被称为气旋，由于台风这种大气中的涡旋产生在热带洋面，所以称为热带气旋。

台风肆虐

为什么称为台风呢？有人说，过去人们不了解台风发源于太平洋，认为这种巨大的风暴来自中国台湾，所以称为台风；也有人认为，台风侵袭我国广东省最多，台风是从广东话“大风”演变而来的。

你知道吗

恐怖的台风

据美国军方联合台风警报中心统计，1959~2004 年间西太平洋及南海海域的台风发生的个数与月份：平均每年有 17.7 个台风生成，出现最多台风的月份是 8

月，其次是7月和9月。科学家曾估算，一个中等强度的台风所释放的能量相当于上百个氢弹，或10亿吨黄色炸药所释放能量的总和。据统计，从1947~1980年全球十种主要自然灾害中，由台风造成的死亡人数为49.9万人，占全球自然灾害死亡总人数的41%，比地震造成的死亡人数（45万人）还多。

实际上，处于大洋西岸的所有国家和地区都受到热带海洋气旋的影响，虽然都是热带气旋，但是人们对其有着不同的称呼。

在西北太平洋和南海一带的热带气旋被称为台风；在大西洋、加勒比海、墨西哥湾以及东太平洋等地区的热带气旋被称为飓风；在印度洋和孟加拉湾的热带气旋被称为热带风暴；在澳大利亚的热带气旋就直接被称为热带气旋。

在气象学中，根据热带气旋的强度做了不同的分类。相关资料显示，联合国世界气象组织曾经制定了一个热带气旋的国际统一分类标准：中心最大风力在7级（< 17.1米／秒）的热带气旋叫作热带低压；中心最大风力达8~9级(17.2~24.4米／秒)的称作热带风暴；中心最大风力在10~11级(24.5~32.6米／秒)的热带气旋称为台风或飓风。

台风的源地在哪里

据统计，全世界每年平均有80~100个台风发生，其中发生频率最高的地方是太平洋和大西洋。西太平洋台风发生主要集中在四个地区：

（1）菲律宾群岛以东和琉球群岛附近海面

从整个西北太平洋上来看，这里是发生台风最多的地区，全年中几乎每时每刻都在发生着台风。在1~6月主要发生在北纬15°以南的菲律宾萨马岛和棉兰老岛以东的附近海面，而6月以后这个发生区则向北伸展，7~8月出现在菲律宾吕宋岛到琉球群岛附近海面，9月又向南移到吕宋岛以东附近海面，10~12月又移到菲律宾以东的北纬15°以南的海面上。

（2）关岛以东的马里亚纳群岛附近

一般情况下，7~10月在群岛四周海面都会发生台风，在5月以前一般不会有台风，6月和11~12月主要发生在群岛以南附近海面上。

（3）马绍尔群岛附近海面

这里以10月发生台风最为频

菲律宾群岛美景

繁，1~6 月很少有台风生成。

（4）我国南海的中北部海面

这里发生台风最多的时间是 6~9 月，1~4 月则很少有台风发生，5 月逐渐增多，10~12 月又减少，但多发生在北纬 15° 以南的北部海面上。

台风的形成

除了热带气旋之外，在热带海洋的洋面上还有许多弱小的热带涡旋，通常情况下，我们将其称为台风的“胚胎”。之所以称为“胚胎”，是因为台风总是由这种弱的热带涡旋发展成长起来的。通过气象卫星探究，人们可以得知：在洋面上出现的大量热带涡旋中，能发展为台风的占有很小比例。而台风究竟是如何形成的呢？

通常来说，台风的形成离不开以下几个条件：

首先要有足够广阔的热带洋面。热带洋面不仅要求海水表面温度要高于 26.5℃，而且在深水中，水温也要达到这个数值。而台风形成最为必要的自然环境就是广阔的热带洋面，因为台风内部空气分子间的摩擦，每天会消耗非常多的能量，而这个巨大的能量只有广阔的热带海洋释放出的潜热才可能供应。除此之外，热带气旋周围旋转的强风，会引起中心附近的海水翻腾，如果台风中心气压过低会造成海洋表面向上涌起，然后向四周散开，因此，海水是从台风中心向四周运动的。当然，这种海水运动的影响是非常远的。如果海水温度过低，其必然导致热能不够，最终使台风消失。

其次在台风形成之前，预先要有一个弱的热带涡旋存在。众所周知，任何机器的运转都需要能量支撑，而能量的产生也是有条件的。同样，台风的形成也需要消耗大量的能量。所以，能量对台风是非常重要的。热带海洋上的水汽是台风的能量来源。在一个事先已经存在的热带涡旋里，涡旋内的气压比四周低，周围的空气挟带大量的水汽流向涡旋中心，并在涡旋区内产生向上运动；湿空气上升，水汽凝结，释放出巨大的凝结潜热，才能促使台风这部大机器运转。因此，虽然有水汽，如果缺少了强烈上升的空气，台风也是形成不了的。因此，生成和维持台风的一个重要因素就是空气的上升运动。当然，存在一个弱的热带涡旋也是先决条件。

再次要有足够大的地球自转偏向力，由于赤道的地转偏向力为零，在向两极延伸的过程中，其地转偏向力是逐渐增大的，因此台风的发生地并不是紧靠赤道的。因为地球的不断自转，所以“地球自转偏向力”就会产生。由于地球不断旋转，所以周围空气难以直接流进低气压，在北半球只是沿着低气压的中心作逆时针方向旋转。

最后在弱低压上方，高低空之

台风眼

间的风向风速差别要小。如果是处于这种情况中，上下空气柱一致行动，高层空气中热量容易积聚，从而增暖。一旦生成气旋，在摩擦层以上的环境气流将沿等压线流动，高层增暖作用也就能进一步完成。如果风力过大，对增暖起不到很大的作用，而台风出现的概率也会降低。

台风的危害

虽然台风是一种破坏力很强的灾害性天气系统，威胁着人类的生命财产安全，然而，在有些时候，台风所带来的降雨也能缓解干旱。其危害性主要有以下三个方面：

（1）大风

一般情况下，台风中心附近最大风力为 8 级以上。

（2）暴雨

台风能够带来强暴雨，在台风经过的地区，一般都会有强降水。1975 年，第 3 号台风在淮河上游产生的特大暴雨，创造了中国大陆地区暴雨极值，形成了河南“75 · 8”大洪水。

（3）风暴潮

一般来说，台风都能使沿岸海水产生增水。据相关资料记载，江苏省沿海最大增水可达 3 米。而“9608”和“9711”号台风增水，导致江苏省沿江沿海出现超历史的高潮位。

风暴潮

你知道吗

台风带来的好处

据统计，包括我国在内的东南亚各国和美国，台风降雨量约占这些地区总降雨量的 1/4 以上，因此如果没有台风，这些国家的农业困境不可想象。此外，台风对于调剂地球热量、维持热平衡更是功不可没。众所周知，热带地区由于接收的太阳辐射热量最多，因此气候也最为炎热，而寒带地区正好相反。由于台风的活动，热带地区的热量被驱散到高纬度地区，从而使寒带地区的热量得到补偿，如果没有台风就会造成热带地区气候越来越炎热，而寒带地区越来越寒冷，自然地球上温带也就不复存在了。

重大台风灾害

1. 1905 年上海遭台风巨灾

1905 年（清光绪三十一年）上海首次遭台风巨灾，南汇“死千余人，庐舍、牧畜、浮厝漂没无数”。《中外日报》载南汇来函，“初三日晚飓风挟潮，南邑海溢，漫过圩塘，并有数处，冲成缺口，自沙岭以东，水高二三丈，如是者二团至七团，南北四十里，东西阔者十四五里，最狭处四五里，漂没沙民无数，间有踞屋顶，抱门板，漂至沙岭得生者，亦嗷嗷待哺，朝不保暮”。

据《江苏省通志稿·灾害志》载：在这次罕见的风暴潮灾中丧生的人数——崇明：1.7 万余人；川沙：5500 人；宝山：2500 余人；南汇：1000 人。总数为 2.6 万人。

《中外日报》当时报道：“现在死者暴露，棺殓不验，且将漂泊入海，尸骸无着，而生者亦庐舍荡然，风餐露宿，沉灶产蛙，炊烟俱断，深恐不日亦将就毙。如此奇灾，近百年来所未有……”

2. “鸣蝉”给韩国带来了巨大经济损失

根据相关资料，我们可以得知：2003 年第 14 号强台风“鸣蝉”在 9 月 12 日和 13 日袭击了韩国南部地区，造成人员大量伤亡，经济受到重创。在其侵袭韩国的时候，台风风速非常高，横扫了朝鲜半岛东部和南部的部分地区，严重影响了当地人民的正常生活。不仅停水停电，更重要的是灾民无处安顿。

台风后的景象

自从 2003 年 9 月 6 日台风“鸣蝉”在太平洋上生成之后，在向西北方向移动过程中不断增大强度，在 9 月 12 日下午开始影响朝鲜半岛南部地区。在它登陆韩国南部沿海之后，以强劲的风力向东偏北方向移动，因此其所到之处都造成严重的自然灾害，危害人们的生命财产安全。

韩国国家灾害中心表示：台风“鸣蝉”横扫朝鲜半岛东部与南部，

给人们造成了非常严重的损失，在13日上午转向海面离去，其风速之快创下了韩国气象史上的纪录。

当台风袭击的时候，树木和电线被吹倒了，人们没有电使用，只能把学校等公共场所作为避难所，农田、公路也被淹没。由于多数地方出现了强降水，所以洪涝灾害非常严重。而其引发的泥石流也阻碍了交通运输。

另外，南部一座核电厂的5个核反应炉，由于泡到海水，无法运转，最终中断了供电。同时，供水也中断了。

降水量过大还导致桥梁被冲断，很多车辆躺在河中央，简直是让人心惊胆战。

台风“鸣蝉”还造成了众多民众死亡。

另外，从9月13日凌晨开始，台风“鸣蝉”从韩国东部附近海面进入日本海。在整个白天，韩国已经脱离了台风影响。但是也有一些地方仍然面临着供水危机，人们无法正常生活。

3. “科罗旺”带来暴风骤雨

根据相关资料，我们可以得知：2003年第12号台风“科罗旺”带来的暴风骤雨，从8月24日晚9点开始侵袭海口市，最终把这座热带滨海城市变成了“水城”。

台风带来的暴雨灾害

你知道吗

海口的海洋气候

海口市地处低纬度热带北缘，属于热带海洋气候，春季温暖少雨多旱，夏季高温多雨，秋季湿凉多台风暴雨，冬季干旱时有冷气流侵袭带有阵寒。全年日照时间长，辐射能量大，年平均日照时数2000小时以上，太阳辐射量惊人；年平均气温23.8 ℃，最高平均气温28 ℃左右，最低平均气温18 ℃左右；年平均降水量1664毫米，平均日降雨量在0.1毫米以上的雨日为150天以上；年平均蒸发量1834毫米，平均相对湿度85%。常年以东北风和东南风为主，年平均风速3.4米/秒。

在8月24日晚，台风导致海口的部分供电线路中断，所以断电持续了整整一夜。在此期间，暴雨击打着人们的房屋，让人心惊。

在天亮之后，人们看到了台风所造成的惨状：铁皮制作的户外广告牌被大风撕成了碎片；大树被吹倒，有的被连根拔起；水漫过了道路；路边停着熄火的轿车；人们出行困难……

在25日上午，由于台风威力过大，所以很多商店被迫关门，道路上几乎没有什么人行走。虽然如此，很多公务人员，如大批警察、市政工人、供电公司和电信公司的员工都在风雨中忙碌着维持秩序、清理断木、修复供电和通信线路。为了保证人们的正常生活，农贸市场仍然营业，与往常相比，品种没有减少，然而价格却稍微提高。

在25日12时，海口市仍然风雨交加，持续了这么久，“科罗旺”台风仍然没有消失的痕迹。

4. “伊布都”给广东部分地区造成严重灾害

根据相关资料，我们可以得知：2003年第7号台风“伊布都”7月24日在广东登陆之后，给广东西部地区带来了严重的损害。

根据统计，此次台风不仅造成了人员伤亡、房屋倒塌，还严重毁

台风登陆造成的灾害

坏了农业和交通设施，特别是渔业受损严重。另外，台风还使部分地区停电停水，很多工矿企业被迫停产，造成了严重的经济损失。

此次台风给茂名市带来了严重的损失。相关资料显示，这次台风造成了茂名市房屋倒塌、农作物受到严重损害，经济损失严重。

另外，台风所带来的狂风暴雨，导致河流漫堤，海水倒灌，引起土地盐渍化。

由于受台风“伊布都”的影响，很多机场航班因为天气原因取消或者是延误，给人们出行造成了很大的不便。

通过香港海上救援协调中心人员的紧急救援，在2003年7月24日6时30分左右在大亚湾海域营救出多名因台风遇险的内地船员。

关于这次台风，香港海上救援协调中心值班主管洪舜良回忆说：“在23日晚7时15分广东省海上救援中心打来电话，请求救助在广东大亚湾海域遇到危险的‘福丰’号集装箱船船员。当时这个小型集装箱船附近有一条救援船，但因风浪太大无法靠近进行救援。”

当得知需要救助的时候，协调中心立即部署搜救行动。协调中心出动了一架直升机和一架螺旋桨机进行了三次救援。受自然条件的影响，飞机的第一次救援没有成功，但是救援的工作人员没有放弃，继续搜救，最终搜救成功。

5. 其他台风灾害

2010年的11号台风“凡亚比”9月19日从花莲登陆，导致台湾南部暴雨成灾，造成人员伤亡和基础设施严重损毁及工农业损失。20日早晨在福建二次登陆，狂风暴雨给福建和广东也造成严重的灾情。

2009年台风“莫拉克”造成500多人死亡、近200人失踪、46人受伤。台湾南部雨量超2000毫米，造成数百亿台币损失，大陆损失近百亿人民币。

2008年第14号强台风“黑格比”，造成菲律宾、我国华南、越南共127人死亡。

2008年第8号强台风“凤凰”，造成台湾、安徽、江苏至少13人死亡，福建地区基础设施损坏严重，经济损失巨大。

2008年第6号台风“风神”，造成广东、湖南、江西至少30人死亡，财产损失巨大，降水量破纪录。

2008年第1号台风“浣熊”，是新中国成立以来第一个4月登陆我国的台风，造成华南至少5人死亡以及人员失踪，经济损失巨大，广东一水库由于蓄水过多而溃坝，基础设施破坏严重，造成华南历史上4月最为严重的洪涝灾害，降水破历史上的4月纪录。

2007年第9号超强台风“圣帕”，造成我国东南沿海至少39人死亡，经济损失较大。

2006年的第4号强热带风暴“碧利斯”，在菲律宾、中国东南部及台湾地区总共造成672人死亡，以及44亿美元的损失。

2006年的第8号超强台风“桑美”，在马利安那群岛、菲律宾、中国东南沿海及台湾省总共造成458人死亡，以及25亿美元的经济损失。

2005年的第19号超强台风“龙王”，给我国台湾、福建、广东、江西等地造成大风大雨，并造成一定人员伤亡。

2004年的第14号强台风“云娜”，登陆中国东南沿海，造成164人死亡，24人失踪，直接经济损失达181.28亿元。

第二节　台风的预防

台风的监测和预报

要想减轻台风灾害，最重要的措施就是加强台风的监测和预报。到目前为止，气象卫星是监测台风的主要工具。利用气象卫星，人们在卫星云图上可以清晰地看见台风的存在和大小。另外，人们还可以确定台风中心的位置，估计台风强度，监测台风移动方向和速度，以及狂风暴雨出现的地区等。当然，这样做的好处就是防止或者减轻台风所造成的损失。在台风到达近海的时候，除了气象卫星，人们还可用雷达监测台风动向。因此，建立城市的预警系统，提高应急能力，建立应急响应机制是非常必要的。同时，气象台的预报员在预报台风方面也起着关键作用。气象台的预报员可以根据所得到的各种资料，分析台风的动向、登陆的地点和时间，及时发布台风预报、台风警报或紧急警报，通过媒体告诉公众，为公众服务。另外，为了减轻台风的灾害，政府应该有相应的决策。

气象卫星观测到的卫星云图

你知道吗

“苏拉”在我国海域登陆

2012年第9号强热带风暴“苏拉”的中心位于中国台湾鹅銮鼻东南方大约500千米的西北太平洋洋面上，就是北纬19.6°，东经125°，中心附近最大风力为11级（30米/秒），中心最低气压为980百帕。预计，“苏拉”将以每小时10千米左右的速度向北偏西方向移动，强度继续加强。

“苏拉”于8月1日13时，中心位于中国浙江省温州东南偏南方向约580千米洋面上，即北纬23.5°、东经123.5°，中心附近最大风力为13级（40米/秒），中心最低气压为955百帕，7级风圈半径500千米，10级风圈半径100千米。

根据台风接近和影响程度，防汛部门会及时发布不同的预警。如果在一天内会发生台风，则要发布蓝色或黄色预警；如果是在12小时内发生台风，则要发布橙色预警；如果在6小时内发生台风，发布的是红色预警。因此，市民应当根据预警做好相应的准备，做到未雨绸缪。

根据编号热带气旋的强度和登陆时间、影响程度等，可分为不同的台风警报的标准，主要包括以下几个方面：

（1）消息

如果远离或尚未影响到预报责任区且未来48小时内将影响责任区的时候，可以根据具体情况发布“消息”。同时，如果要解除警报，也可以使用“消息”方式。

（2）警报

预计未来48小时内热带风暴或台风将袭击或严重影响预报责任区时应该发布警报；而热带风暴或台风正在严重影响预报责任区时也要发布警报。

（3）紧急警报

预计未来24小时内热带风暴或台风将登陆或靠近沿海时发布紧急

强台风登陆

警报。

民间预测台风的经验

其实民间有很多预测台风的经验，一般来说，很多地方性征兆对台风是否影响本地，能起到很好的指示作用。当然这些征兆并不是人们凭空想象出来的，而是多年来人类与“老天”打交道的经验。人们比较常观察研究的有以下同方面：

（1）长浪

长浪又称涌浪。在台风离海岸还比较远的时候，人们就能从海边看到从台风中心传导出来一种特殊的海浪。这种海浪的浪顶是圆的，浪头也不是很高，而浪头与浪头之间有着非常长的距离。长浪较为浑圆，并且有着沉重的声音，节拍非常缓慢。当这种长浪靠近海岸的时候就会变成滚滚的碎浪，导致水位升高，浪头变大。如果你亲眼目睹过这种景象，你会发现时间越长，长浪的势力就越猛，这在预示着台风将要来了。

（2）海吼

海吼也称海响或海鸣。在台风来临的前几天，沿海地区的人们可以听到海吼。海吼的声音与远处飞机的声响差不多，在夜晚的时候更加响亮。如果声响逐渐增强，这说明台风正在靠近；如果声响逐渐减弱，说明台风渐渐离去。例如，在浙江舟山群岛有一个岩洞，它面临

台风造成的巨大破坏

大海，在台风来临的前几天，会发生海响。渔民可以根据其强弱采取预防措施，减少损失。

（3）台母

台母是福建等沿海渔民根据天空现象测台风的一种经验。在台风中心距离海岸还比较远的时候，沿海渔民就可以看到天上有如乱丝一样的有光的云彩，如扇子般散开，主要出现在早晨或者是晚上的天空中，群众将其称为“台母”，其意思为，如果人们看到这种云霞，这说明台风即将来临。

（4）风缆

通常情况下，沿海渔民把天空中的辉线，也就是从东方地平线向上辐射出的蓝色条纹，称为风缆。风缆的产生是因为台风区内有非常多的对流云带，在台风接近的时候，阳光受地平线附近或地平线以下这种成行的积雨云或浓积云单体的遮蔽，就会在天空中出现一条条暗蓝色条纹。所以，“风缆”出现也预示了台风即将到来。

（5）断虹

在闽粤沿海渔民中流传这样一句话，即“断虹现，天要变”。而这个“天要变”是指台风将袭击并带来狂风暴雨。另外，断虹也称为短虹，它是出现在东南方海面上的半截虹。与传统的雨虹相比，短虹没有弯曲的形状，也没有鲜艳的色彩，而且通常在黄昏出现。正因为台风外围低空中的水滴折射阳光而形成了短虹，因此，如果人们看到了短虹就标志着台风即将到来。

你知道吗

动物可以预报台风

有些鱼类，特别是浅海鱼类在台风逼近时要上浮，一些较大的鱼如海豚也往往群集海面。深海鱼也随海流而来到浅海，甚至可看到鲸，有时还可发现一些上浮的深层鱼类、底栖生物，如海蛇浮上海面缠结成团等。另外，在台风来临前，还可看到大群海鸟朝陆地方向急急忙忙飞去，有时飞鸟疲惫不堪，以致跌落在船上或海面上，甚至会出现群歇在甲板上，任你如何驱逐也不肯离去的怪现象。

（6）风向

在渔民中流传着这样的一些俗语，如“一斗东风三斗雨”，“六月北风，水浸鸡笼”……这些都是预报台风的经验。而其中的“三斗雨”和“水浸鸡笼”都是指台风雨。之所以这样说是因为一般情况下，台风都是从东南方的洋面上来。如果某个地方受到了台风前半圈外围气流影响，就会出现西、北、东这三个方位的风向，而且其持续的时间还比较长，这预示着台风将要来了。而“东风转北，搓绳缚屋”也表达着这种意思。但是，在有些时候，在台风到来之前，几乎没有什么风，海面也比较平静，因此在民间有“海底照月主大风”的经验，这里的大风也是因台风的侵袭而形成的。

（7）水母耳

水母是一种海洋生物，它能听到台风与海浪之间产生的次声波。当有次声波产生的时候，水母就会用耳朵感知，听到即将来临的台风怒吼声，此时水母就会纷纷离开岸边，游向大海，它们这样做是为了避免被狂风巨浪砸碎。正因为水母有这样的特点，所以人们以其为模板制成了预报仪，其组成部分包括喇叭、接收次声波的共振器、把振动转变为电脉冲的压电变换器以及指示器。如果把这套仪器设备安装在船只甲板上，喇叭可以任意旋转，当自动停止旋转之后，喇叭所指的方向即台风来的方向，而指示器则表示台风带来风暴的强度。总之，每个部分都起着一定的作用。

（8）氢气球

有时候，渔业工人也通过氢气球来测台风。其基本方法就是把充满氢气的气球放在耳朵边上来听听，就能判断是否有台风。这其中蕴含

水母可感知台风

着什么样的道理呢？由于大风和巨浪的波峰间的摩擦和冲击，所以会形成一种低频声波，与风浪的传播速度相比，这种声波有着更快的传播速度，虽然人的耳朵不能直接听到它，然而充满氢气的气球可以在低声波的作用下产生振动。然而，这种振动的振幅和强度会对人的耳膜产生一定的影响，使耳膜产生一种振动的感觉，当台风靠近的时候，这种振动就更强烈。另外，人们还可以根据振动的清晰程度来判断台风的距离。

（9）海火

在台风来临之前，人们会看到海水表面层有磷光，这些磷光不断闪烁，而且还会有沉浮现象，对于这种现象，渔民们称为“海火”或“浮海灯”。之所以会产生这样的情况，是因为有一些发光浮游生物和寄生有磷细菌的某些鱼类，在海水表层浮动的时候就会有闪光。

台风来临如何应变

当你在室外进行活动的时候感觉有台风要来，那么应尽快结束室外活动，转移到安全的地方去。

在步行的时候如果有台风发生，应该尽量弯腰慢步。如果台风风力

台风使行人无法前行

过大，应尽可能地抓住一些固定物。在过桥的时候尽量爬行。由于在马路周围有一些物体会因为风力过大而坠落，所以在行走的时候一定要注意安全。

当然，台风也会对人体或者交通工具产生冲击。如果骑自行车、助动车或摩托车，受到的冲力可能更大，骑车人就会难以控制车头。如果在下班的时候已经发生台风，那么就别骑车回家了，步行即可。

在发生台风的时候，风雨的速度也是有大有小。如果其速度有变小的迹象，那么开车的人应当保持低速慢行，看清道路。之所以这样做是为了避免风力突然变大，让人猝不及防。同时，在过桥的时候，应该看一下桥下的积水深度，看其是否会导致车辆熄火。

另外，在躲雨的时候还要防止

雷击，尽量离铁塔、变压器、吊机、金属棚、铁栅栏、金属晒衣架远一些。此时如果要选择避雨场所的话，一定不要选大树或者是铁路轨道。

你知道吗

台风来临如何防触电

台风刮来时或台风去后常可能发生触电事故。在台风去后，特别要关照孩子别去电线吹落处玩耍。看到落地电线，无论电线是否扯断，都不要靠近，更不要用湿竹竿、湿木杆去拨动电线。若住宅区内架空电线落地，可先在周围竖起警示标志，再拨打电力热线报修。

台风来临前，如果家中只有老人，而菜场、超市离家又较远，不妨多买些水果、蔬菜、鱼肉等副食品储存在冰箱里备用。

第三章
海上迷魂：海雾

海雾是海面上的一种自然现象，每年的 4~7 月，海雾就会给海与天蒙起面纱，一切景物亦真亦幻。海雾虽然美丽，但是经常出海的航海者却非常不喜欢它们，因为漫漫海雾容易让船舶失去航向而导致触礁，从而会给航海者带来无穷的灾难。

第一节 虚无缥缈的海雾

认识海雾

海雾是海洋上低层大气中的一种水汽凝结(华)现象，由于水滴或冰晶(或二者皆有)的大量积聚，使水平能见度降低到1千米以下，雾的厚度通常在200～400米。海雾在海上形成后，会随风飘移，向风的下游扩展。在沿海地区，海雾可以深入陆地，有时达几十千米，登陆后的海雾，仍保持海雾的特征，但在新的环境影响下，很快变性消散，或变成低云。在近海处，登陆的海雾虽不断消散，却又不断有新的海雾从海上补充，所以沿海地区海雾有时会持续几天。

海雾无论在海上还是在沿岸地带，都因其恶劣的能见度对交通运输、海洋捕捞和海洋开发工程，以

海雾景观

及军事活动等造成不良影响，雾水中的盐分对建筑物的侵蚀也是不可忽视的，因此海雾是一种灾害性天气。海雾预报不仅对海上和沿海地区的工业、交通和农渔业很有意义，而且对海军和航空部队尤其重要。

姿态各异的雾

按照雾的形成原因，大致可以将雾分为两大类：一类是受下垫面影响而形成的雾，如平流雾、混合雾和辐射雾等；另一类是受特定天气系统影响而生成的雾，如锋面雾。其他还有受海岛、海岸等地形影响形成的雾。另外，空气层结的改变，可使海雾升高变为层云，也可以使层云降低变成海雾。中国东海岸和美国西海岸都有这种现象。

海洋上的雾主要是平流雾，其次是锋面雾，平流雾是在某些特定的天气形势下，低空暖湿气流移到冷海面上形成的。由于海洋表面热力状况在短时间内相对稳定少变，因此天气条件是平流雾能否生成的主要因素。锋面雾更是和冷暖空气活动紧密联系在一起。实际上，同一天气系统在不同海区其性质上的差异可以很大，在不同的季节和海区，成雾的天气形势也可能不同。

平流雾

你知道吗

几种比较著名的海雾

全球各海区的海雾，类型虽然很多，但其中范围大、影响严重的，首推平流冷却雾，而以中高纬度大西洋的纽芬兰岛为中心和以北太平洋千岛群岛为中心的两个带状雾区最为显著，以南印度洋爱德华王子群岛为中心的带状雾区也很突出。其次便是大洋东岸低纬度信风带上游的雾，如太平洋东岸的加利福尼亚外海和秘鲁外海，大西洋东岸的加那利群岛以南的海域和纳米比亚外海，都是这类雾区。

1. 平流雾

由于空气有平流作用，所以在海面上容易生成雾。当然，所形成的雾的种类有两种。

（1）平流冷却雾

平流冷却雾也称为暖平流雾，可以简称为平流雾，它是暖气流受海面冷却，最终使水汽凝结形成雾。平流冷却雾的特点是比较浓，雾区范围大，持续时间长，能见度小等，其多发生在春季。而发生地区包括北太平洋西部的千岛群岛，北大西洋西部的纽芬兰附近海域，以及我国黄海北部海域。

（2）平流蒸发雾

由于海水不断蒸发，当空气中的水汽达到饱和状态的时候就会形成雾，这种雾为冷平流雾或冰洋烟雾。冷空气流到暖海面上，由于低层空气下暖上冷，层结不稳定，所以即使雾区比较大，但雾层不厚，雾也不浓。从两极区域流出的冷空气到达其邻近暖海面上或在巨大冰山附近的水域上的时候，平流蒸发雾就会形成。

2. 混合雾

混合雾又分为两类，即冷季混合雾和暖季混合雾。

（1）冷季混合雾

当海上风暴产生的空中降水的水滴蒸发，使空气中的水汽接近或达到饱和状态的时候，这种空气与从高纬度来的冷空气混合冷却成雾。冬季是这种雾的高发期。

（2）暖季混合雾

当海上风暴产生的空中降水的水滴蒸发，使空气中的水汽接近或达到饱和状态的时候，这种空气与从低纬度来的暖空气混合冷却而成雾。夏季是这种雾的高发期。

3. 辐射雾

辐射雾，包括浮膜辐射雾、盐层辐射雾和冰面辐射雾三种。

（1）浮膜辐射雾

漂浮在港湾或岸滨的海面上的油污或悬浮物结成薄膜，晴天黎明前后，因辐射冷却而在浮膜上产生的雾。

（2）盐层辐射雾

风浪激起的浪花飞沫经蒸发后留下盐粒，借湍流作用在低空构成含盐的气层，夜间因辐射冷却，在盐层上面生成的雾。

（3）冰面辐射雾

高纬度冷季时的海面覆冰或巨大冰山面上,因辐射冷却而生成雾。

4. 锋面雾

从锋面以上暖空气里下降的雨滴洒落到冷空气里后，如果雨滴温度远高于其周围的冷空气温度时，雨滴会不断蒸发，使锋面以下的冷空气里水汽增多。当水汽多到不能被冷空气容纳时，就会有水汽的凝结现象发生。如果这种凝结现象出现在近地面层，就形成了雾，即所谓锋面雾。由于这种雾是与锋面降水同时发生的,所以又常称为雨雾。

5. 地形雾

地形雾包括岛屿雾和岸滨雾。

（1）岛屿雾

空气爬越岛屿过程中冷却而成的雾。

（2）岸滨雾

产生于海岸附近，夜间随陆风漂移蔓延于海上。白天借海风推动，

辐射雾

可漂入海岸陆区。

科学考察船雾沉东海

1993年5月2日清晨，中国舟山群岛海域薄雾缭绕，海面像蒙上了一层面纱。这个季节正是冷暖气团在东海交汇的时候，阵阵海雾由南向北袭来，整个海面上雾气腾腾，能见度很差，几十米远就看不清来往船只，加之鱼汛期来临，东南沿海各省数以百计渔船云集这里，为繁忙的航线增添了几分拥挤。这时，中国国家海洋局“向阳红16”号科学考察船，为执行1991年3月经联合国批准的中国大洋矿区调查任务，于5月1日从上海港启程，前往太平洋中部夏威夷附近海域，进行深海金属矿产的考察；当考察船驶出长江口外海，在北纬29°12′、东经124°28′处，时针正指向5点5分，剧烈的震动使船舱里的物品纷纷落地，还在梦中的科考人员都被惊醒了，随后，“嘎嘎”的钢板撕裂声，让人惊心动魄。紧接着，船体剧烈地震动了几次。船上的报警信号骤然响起，可只响了两声便消失了。几分钟后，海水向船舱猛烈涌进，船体开始倾斜下沉；当确定已无力自救时，船长发出了“弃船”的命令。船员急忙施放救生艇，由于右舷已严重破损变形，悬挂在那里的救生艇已被撞坏，无法使用；人们自发地赶到左舷，用斧头砍断绳索，放下两艘救生艇和两个橡皮筏。5点25分，船长最后一个离船，与106名生还者登上救生艇。5点37分，所有人员默视着为中国海洋事业做出巨大贡献的“向阳红16”号科学考察船，只见它船尾向下，船头朝上，急速地沉入东海。

中国“大洋一号”科学考察船

这次考察船的沉没，是几十年来罕见的事故。这次海难的起因是，一艘3.8万吨的塞浦路斯籍“银角”号货轮，漠视雾天航行的规则，从侧面撞击了“向阳红16”号右舷。“银角”号巨大的船鼻，如一把利斧直插入考察船的机舱，瞬间舱内便灌满了水，主机立即失去动力，电源中断，连第3声警笛都未及拉响，就迅速下沉了。这次事故造成近亿元的损失，严重影响了中国向联合国承诺的勘察洋底锰结核任务，

“向阳红”科学考察船

并有3名科考人员，因舱门被挤压变形无法逃生，以身殉职。

“向阳红16”号船是1981年建造的现代化科学调查船，这个系列的调查船共有3艘，“向阳红16”号是其中一艘，排水量为4400吨，最大船速19节，续航力达1万海里，能抗风力12级。船上装有先进的通信导航设备，海洋各学科实验室和仪器，可在除极地以外的所有大洋海域，进行综合科学考察研究工作。该船自下水以来，已5次赴太平洋进行考察，多次在中国近海执行常规调查。按船上配备的先进导航设备，在雾区航行是没有问题的。但是，由于对方违反航行规则，当发现“向阳红16”号在其前方时，未采取紧急防碰措施，遂酿成船毁人亡的惨剧。

你知道吗

东海海雾

东海一般3月份出现海雾，4～6月份最盛，7月份消散。以长江口至舟山群岛海域最为典型，年均雾日约60天。福建与浙江温州间海域的海雾集中出现在4、5月份，舟山群岛海雾出现在6月份，中心区雾日多达15天。

第二节　形态各异的避雾方法

人工消雾的尝试

海雾天气，严重妨碍船只航行和飞机起落。大雾迷漫时，往往要被迫关闭机场，甚至要停飞几天，造成的损失很大。在战争期间，因雾天而贻误战机的事例很多。因此，在第二次世界大战期间，英、美等国都积极开展人工消雾的试验，即用科学方法，来消除或减轻雾情，以保障海路与机场的正常运转。最早利用人工消雾并取得实效的是英国伦敦附近的一些机场。这里位于泰晤士河下游，空气湿度大，地势低洼；在冬季夜间，机场地面降温很快，往往在清晨出现冷雾。第二次世界大战中，为使伦敦免遭德军的疯狂轰炸，确保英军战斗机群能顺利迎击德军飞机，人们多次采用人工消雾的方法，消除或减轻笼罩在机场的大雾，并取得了很好的效果。他们使用的方法比较简便，先在机场跑道两侧装好管道，然后点燃里面的汽油，加热近地面层的空气，促使雾滴迅速蒸发，以达到消雾的目的。这种方法收效较快，但耗用汽油较多，成本过高，平时难以推广。后来，美、法等国又利用喷气发动机的燃料废气来加温消雾，取得了很好成效，并大大降低了成本。

人工消雾的原理，与成雾的机

机场的大雾天气

理相反。根据雾的物理性质不同，选择相应的技术方法。雾可分为冷雾和暖雾两类。0℃以下的雾滴组成的为冷雾；雾滴在0℃以上则为暖雾。冷雾中存在着大量过冷却水滴，如果在其中增加冰晶的浓度，就可以使雾滴降落而达到消雾的作用。常用的方法是用碘化银等作为人工冰核，以增加冰晶浓度。据计算，每克碘化银可产生亿万个冰晶，有几十克碘化银，就可以使整个机场烟消雾散。1968年冬季，美国在阿拉斯加一个空军基地，使用这种方法消除冷雾，清扫了空中走廊，保证了185架飞机安全起降。

消除暖雾的方法较多，常用的有加温法，就是前面讲过的伦敦机场采用过的消雾法，即提高气温，促使雾滴蒸发，从而达到消雾目的。只是费用昂贵，一般不常使用。另一种称作吸湿法，就是在雾区上风头，播撒氯化钙、氯化钠或尿素粉末，以吸附水汽，降低湿度，促进雾滴蒸发；同时播撒的微粒，经吸湿后纷纷下落而消雾。这种方法简便，易于推广。还有一种方法为扰动混合法，用直升飞机在雾区上空缓缓飞行，搅动雾顶层较干燥的空气不断下沉，与雾滴发生混合，加速蒸发消散过程。这种方法的费用也较大。

早在20世纪50年代，中国就开始进行人工消雾的试验研究。到70年代初，经多次实验已取得很好效果，并用于军用机场的消雾。从实践的经验看，播撒一定量的吸湿粉末（如氯化钙等），在1小时内，可以消除较大的暖雾；在地面燃烧碘化银的丙酮溶液半小时左右，可消除冷雾。

神奇的“雾牛”

青岛是一个多雾的城市。每年3~7月，漾漾的海雾不时从海上飘荡而来。1976年4月，青岛胶州湾内连续4天浓雾，造成3艘货轮在同一块礁石上触礁搁浅。每当海雾来临时，给繁华都市人们的生活和生产带来诸多不便，特别是海上航行的船只，遇上这种多雾天气，更给海员们增添无限的烦恼和忧虑。可是，就在这天空异常混沌的时候，一阵阵粗犷低沉的“哞哞”的老牛吼声，会不断地从海上传来。这种声音的不断出现，给周围沉寂的氛围增添了一点令人兴奋的色彩。这声音对那些正在茫茫雾海中航行的海员们来说，就像亲人们报平安的呼唤声。

这种“哞哞”的老牛吼声，对

青岛大雾景观

青岛居民来说并不陌生。可是，很多居民至今也不清楚这究竟是一种什么声音，只是大家传说这是一头不知疲倦的“老牛”，在怀念它的同伴时发出的吼叫声，因而大家不约而同地称呼这头老牛为“雾牛”。

青岛居民已听惯了“雾牛”低沉的吼声。在雾天如听不到那熟悉的“哞哞”声，反而使人们觉得不安，担心“雾牛”是否遭遇不测，由此关于“雾牛”的传说也就越来越多，有的还异常神奇。其中流传最广的是：在19世纪末，德国殖民者占领青岛期间，派了很多传教士到青岛来传教。众多传教士在回国时，每人都携带了很多古玩珍宝。有一天，在装船过程中，突遇浓浓大雾袭来，天昏地暗，伸手不见五指。这时一对准备运走的铜牛趁机逃跑，它们跳入海中后，其中一头因过不惯海底的寂寞生活，又重新回到岸上。只剩下孤独的一头铜牛，仍长期隐居海底，只是每当海上起雾时就钻出水面，“哞哞”叫唤岸上的同伴。这个传说绘声绘色，很能吸引初到青岛观光的游客。特别是雾天，人们只闻其声，不见其影，更增添了几分神秘。

你知道吗

“雾牛”从何而来

“雾牛”是20世纪初德国占领青岛后修建的。它是一种电雾笛，其工作原理与蒸汽火车头上的汽笛是一样的。1954年，我国有关部门又在胶州湾团岛灯塔上装上了电雾笛。它是一个大功率的电喇叭，装在灯塔顶部，面对航道。每当海雾来临时，人工启动开关，电雾笛便每半分钟鸣发4次响声，周而复始，连续不断，直至能见度大于2海里时才关闭。雾笛安装在青岛市区的西南角，响声可传播5海里，足以使胶州湾和市区都能听到。

夜航指路的灯塔

在海雾的笼罩下，海面上如同黑夜一样，阻挡了人们的视野，严重影响了航海活动，在港口或狭窄的航道，更易造成海难事故。为了不使人们迷航，避免碰撞事故发生，经过长期的实践，人们发明了灯塔。

远在公元前，古埃及人就在亚历山大港外的法罗斯岛上，建了一座高 110 米的大型灯塔。灯塔是一种航行标志，它告诉海员们正确的航线，在夜晚和雾天时，像一盏指路明灯，起了很好的导航作用。

指路明灯——灯塔

灯塔必备的条件是，灯光要亮、高度要高，同时要建在地形复杂、形势险要的地方。根据这几个特点，建造灯塔的工程难度就很大了。

为解决灯塔的光亮问题，人们经过了漫长的探索。早期的灯塔光源，是用燃烧木柴时所发的光焰，亮度是很有限的；人们又在火盆的周边，装上磨光的花岗岩镜面，用来反射火光，以增大亮度视距。随着航海事业的发展，这种光源已不能适应需要，况且燃烧时烟雾又减弱了光亮度，还容易造成火灾，甚至使灯塔毁于一旦。直到 1784 年，瑞士人阿风德发明了无烟油灯，才解决了烟雾影响光亮的问题。1791 年，法国的陶雷尔率先把抛物面反射镜用于灯塔，大大增加了光源照射距离。1823 年，法国的福雷西纳尔设计了一种光学透镜，把光源亮度放大若干倍再行反射，进一步增大了灯塔光源亮度和视距。1858 年，著名科学家法拉第完成了世界上第一座电力灯塔的设计和建造，结束了漫长的明火光源灯塔的历史。

进入 20 世纪，瑞典人达林研究成功压缩乙炔气体作为光源的灯塔，并设计了控制光源开关的太阳阀，使灯塔能随太阳升落自动开关。这项开创性的发明，把灯塔的管理与太阳能的利用完美地结合起来。不久，他又设计了世界上第一座气体闪光灯塔。为此，他荣获了 1912 年诺贝尔物理学奖。瑞典政府为纪念达林一生的贡献，在 1967 年建成一座现代化灯塔时，将其命名为“达林灯塔”。

随着科学技术的发展，现今的灯塔光源强度也越来越大。位于法国西北沿海的克雷阿克灯塔，亮度

灯塔耀眼的光束

已达5亿烛光。即使在大雾中，也能在30海里以外看到它的光芒，是目前全球最亮的灯塔。人们在提高光源亮度的同时，现代化的灯塔还配备了雾号、无线电指向标、自动浮标、雷达等助航设备，为航船在雾天或夜晚的安全航行，提供了重要保证。

增加灯塔的高度，以尽可能地增大视距，是设计师们追求的目标之一。早期的灯塔，大多建在沿岸高处或附近岛屿上，距离外海较远，影响外海航船观察灯塔的视距。为此，许多设计师力求把灯塔建在远离海岸的水中。1584年，法国的福克斯设计了法国加尤河口的水上灯塔，经过27年的艰难施工，终于在1611年完成，灯塔高33米，是世界上第一座水上灯塔。1885年，德国在维泽河口首次采用沉箱法，在松软的海底上建成了水上灯塔。此后，群起效仿，在很多著名的港口、航道上，相继建立了众多的水上灯塔，把有效光程大大地向外海推进了。

水上灯塔

中国是一个古老的航海国家，有着丰富的维护航海安全的经验。远在1000多年前，中国渔民就懂得在海岸高地燃烧木柴，以火光引导出海渔民安全返航。中国人民还很早就在沿岸建立过导航的古灯塔，其中最高最亮的要数山东成山头顶上的古灯塔了。在近代，最早是1882年建在台湾省的鹅銮鼻灯塔，塔高18米，灯光射程20海里，是当时远东最高的水上灯塔。1899年，建于广东省的硇洲灯塔，塔高23米，塔顶装有直径为2米的凸镜反射灯，它由163条弧形水晶三棱镜组成，光源射程达26海里，是世界上现存的两座大型水上水晶镜灯塔之一。1977年竣工的大沽灯塔，是中国第一座自行建造的水上灯塔，塔高56米，装有600毫米的透镜，灯光射程17海里。1995年10月，海南省木栏头灯塔建成，塔高70米，灯光射程28海里，是目前中国最大的灯塔，它的建成为船只来往频繁的琼州海峡，增加了安全航行的保证。

第四章
疯狂的摇篮：海浪

海浪时而美丽，时而凶险，威胁着航船。有海难记录的近 200 年来，全球有 100 多万艘大中型船舶被巨浪打入海中。别外，近海石油钻井平台也常遭遇海浪袭击，据报道，巨浪已吞没了世界上 60 余座石油钻井平台。总之，海浪也是一种可怕的海洋灾害。

第一节　灾害性海浪

认识海浪及灾害性海浪

海浪是指由风产生的海面波动，其周期为 0.15 ~ 25 秒，波长为几十厘米至几百米，波高一般为几厘米至 20 米，在罕见情况下波高可达 30 米。

你知道吗

“无风不起浪”和“无风三尺浪”哪个对

“无风不起浪”和“无风三尺浪”的说法都没有错，事实上海上有风没风都会出现波浪。通常所说的海浪，是指海洋中由风产生的波浪，包括风浪、涌浪和近岸波。无风的海面也会出现涌浪和近岸波，这大概就是人们所说的“无风三尺浪”的证据，但实际上它们是由别处的风引起的海浪传播来的。广义上的海浪，还包括在天体引力、海底地震、火山爆发、塌陷滑坡、大气压力变化和海水密度分布不均等外力和内力作用下，形成的海啸、风暴潮和海洋内波等。它们都会引起海水的巨大波动，这是真正意义上的海上无风也起浪。

所谓灾害性海浪是指在海上引起灾害的海浪。它的产生是多方面因素综合作用的结果，如台风、温带气旋、寒潮。当然，这里我们所说的灾害性海浪是指海上波高达 6 米以上的海浪。之所以这样定义，是因为通常情况下，6 米以上波高的海浪对航行在世界各大洋的绝大多数船只已构成威胁，它不仅能掀

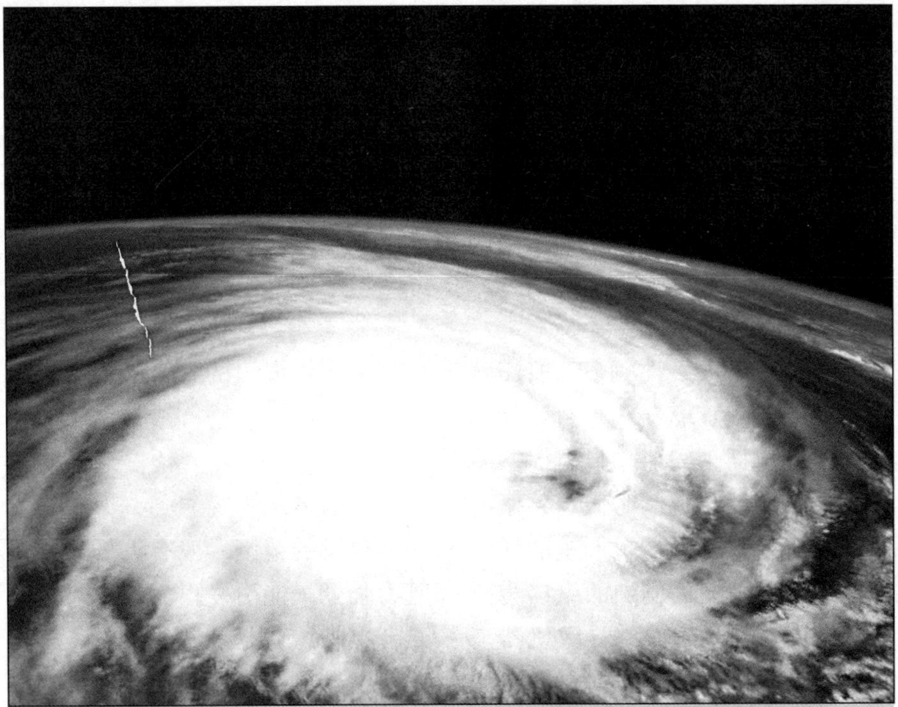

台风会引起灾害性海浪

翻船只，摧毁海洋工程和海岸工程，同时还给航海、海上施工、海上军事活动、渔业捕捞带来灾难，因此想要将这种灾害程度减小到最低，应该正确、及时地预报这种海浪。

关于灾害性海浪的具体定义还没有统一的说法。之上提到的“海上波高达6米以上的海浪”只是相对于当今世界科学技术水平和人们在海上与大自然抗争能力而言的相对定义。当然，灾害性海浪的确切定义需要根据海上不同级别的船只和设施来给出不同的定义。

例如，虽然一些海浪只有2.5~3米，但是，它却对没有机械动力仍需借助于风力的帆船和小马力的机帆船、游艇等小型船只已构成威胁。所以，对于这些船只而言，这种波浪是属于灾害性波浪。

而4米以上的巨浪会对千吨以上和万吨以下、中远程运输作业船只构成威胁。所以，对于这些船只来说，4米以上的海浪称为灾害性海浪。

随着社会经济的不断发展和科学水平的提高，人们也提高了与大自然的抗争能力。9米以上的海浪会对20万～60万吨的巨轮产生威胁。所以，对于这些巨轮，9 米以上的海浪为灾害性海浪。

因此，在发布海浪预报和警报的时候，除了考虑海上一般和普遍情况外，还需要具体问题具体分析，要根据不同任务、不同船只和不同海上设施进行特殊保证，只有这样，才能把损失降到最低。

一旦遭遇灾害性海浪，船舶就会在海上横摇、纵摇和垂直运动。如果发生横摇，在船舶自由摇摆周期与波浪周期相近的时候，共振现象就会出现，如果情况严重的话，船舶就会倾覆。而剧烈的纵摇会使螺旋桨露出水面，最终导致机器工作不正常而引起失控。如果海浪波长与船长差不多，那么会发生由于船舶的自重能使万吨巨轮拦腰折断的现象。而如果船舶出现垂直运动，最终可能会使其在浅水中航行的时候触底碰礁，发生危险。另外，如果灾害性海浪到了近海和岸边，必然严重威胁着沿海人民的生命财产安全。

暴风雨来临时的天气

灾害性海浪的天气形势

灾害性海浪的天气形势包括以下几方面：

1. 台风天气

台风的范围一般有近千千米，风力强劲，能引发很大的波浪。由于台风中风向是旋转的，它造成的波浪由台风区向四方扩散到范围广大的海域。台风内风浪最大区域位于风向与台风移动方向一致的区域，即台风移动方向的右半部分，该区域风速大、风时长。波浪最小的区域是风向与台风移动方向相反的区域，因其区域风速相对较小、风时较短。在台风中心，虽然风力较小，但由于台风区中的波浪都向中心汇

台风风浪

集，波浪很大，且出现波陡很大的三角浪。在远离台风区的海上有规则、整齐的涌浪。

台风风浪主要发生在每年7~10月的台风季节，占全年总数的73%，其中仅8月便占全年总数的21%，而1～6月仅占全年总数的16%。

2. 强冷空气天气

强冷空气天气过程的风场特点是风向一般为北－西北，风区不断地随冷锋南移而从北向南扩展。由于这种风在各海区洋面上吹的大多是离岸风，所以波浪在海洋北部生成，不断向南传播，在传播过程中成长变大，因而造成西北小、东南大的分布。并且这种风的风力风向比较稳定，波浪的大小分布在风吹刮相当时间后即进入稳定状态，离海洋的西北岸愈远，波浪愈大。在冷锋过后数小时内，波浪即达到最大，即在地面锋线后300千米左右海面波浪最大。在北纬35°以北海区，冷锋速度通常大于涌浪波速，故锋前一般没有涌浪，但到了北纬35°以南海面后，冷锋速度减慢，锋前一般都出现涌浪。

温带气旋云图

寒潮浪主要发生在冬半年。11月至翌年2月的发生次数占全年总数的84%，其中仅12月便占全年总数的25%，夏季的6～8月则没有发生，春、秋季仅占全年总数的16%。

3. 温带气旋天气

温带气旋的风场特点是在气旋中有三部分不同风向且都在移动着的风区，在冷锋后为偏北风，风区向东移动，方向与风向垂直，但同时风区也向南扩展移动；暖区是偏南风，风区移动方向与风向成30°～60°夹角；暖锋前偏东风区，风区移动方风向与风向成120°～150°角度。通常冷锋后偏北风力最强、风时最长、风区扩展方向与波向相同，故波浪最大，低压区中的最大波高亦出现于冷锋后附近海面。暖区中偏南风次之，风浪较大；暖锋前偏东风的风时最短、风力较弱、风浪最小。低压中心的附近海区波浪并不是很高，往往在中心经过后数小时至十多小时后波浪才达到最大值。因此实际上，海上经常出现气旋与冷空气共同影响的天气形势。

你知道吗

影响我国海域的气旋类型

影响中国海及邻海的主要气旋路径有三类：

①黄河气旋：气旋从我国大陆移入渤海或黄海北部。

②江淮气旋：气旋从我国大陆移入黄海南部。

③东海气旋：气旋从我国大陆移入东海。

这三类气旋东移入海后经常经历爆发性发展过程，它们特别多地发生在进一步东移至日本海以后，往往造成灾害性的波浪。

气旋浪主要发生在每年的10月至翌年3月的冬半年，占全年总数的77%，而4～9月的夏半年发生次数仅占全年总数的23%。

海浪的分类

海浪包括风浪、涌浪和近岸浪3种。

(1) 风浪

风浪是在风的直接作用下产生的水面波动。风浪波面粗糙，风浪大时波峰附近有浪花和大片泡沫，波峰线短。

决定风浪高度的基本因素有3个：一是风速；二是风在下风方向上作用于水面的距离，简称风区；三是刮风的持续时间，即风时。一般来说，风越大浪也越高；在一定的风速条件下，风区距离越长，风浪就越高；风时越长，风浪也就越高。但是，风浪随风区距离的增大和风时的增加而增大是有一定限度的。在一定的风速条件下具有一定的风区距离和一定的持续时间，增强风浪因素的作用与阻碍风浪发展因素的作用达到基本平衡后，风浪高度也就不再增加了。也就是说，在一定的风速条件下风浪的发展是有限度的。

在大洋海域，波浪的分布与海洋上风的区域分布具有相似的特征，这是由波浪与风的关系所决定的，风大则浪高。在近岸海域，当盛行风自大陆吹向海洋，或是受地形阻挡的海湾和内海，由于风区距离短，

海面上的风浪

波浪远较大洋上的小，例如浙江北部渔民有“东风魔儿西风佛”的谚语，因为东风风区较大,西风风区较小，两者引起的浪不一样。在浅水区，由于海底摩擦的作用,风浪也较小。

（2）涌浪

涌浪是在风停后或风速风向突变区域内尚存的波浪和传出风区的波浪。具有较规则的外形，排列整齐，波面较平滑，波峰线长，一般涌浪周期较风浪长。涌浪周期越长，传播得就越快、越远。由于长周期的涌浪传播速度比台风、温带气旋等天气系统移动快，因此涌浪往往能成为一种预警信号。

（3）近岸浪

迈岸浪是由外海的风浪或涌浪传到海岸附近，受地形作用而改变波动性质的海浪。随着海水变浅和波动遇障碍物，会引起波动折射、绕射和反射等，使波高发生变化，近岸浪的波峰前侧陡，后侧平，直至倒卷破碎。大多数情况下风浪和涌浪并存，两者叠加形成迈岸浪。

海浪的危害

海上自然破坏力的90%来自海浪，仅10%的破坏力来自风，海上常说的“避风”，实际上是“避浪”。4级风时，波浪的压强是风压的10倍，当风力为11 ~ 12级时，波浪的压强更是惊人，巨大的波浪可使船舶倾覆，甚至把万吨轮船折成两段。据统计，海上巨浪造成的海难占世界海难的70%左右。由强烈大气扰动如热带气旋(台风或称飓风)、温带气旋和强冷空气大风引起的海浪，在海上常能掀翻船舶、摧毁海上工程和海岸工程，给航海、海上施工、海上军事活动、渔业捕捞等带来灾害。因此，海浪灾害是最严重的海洋灾害之一，也是发展海洋经济的最大障碍。有史以来，地球上差不多有100多万艘船舶沉没于惊涛骇浪之中。

1894年的一天，美国西海岸，狂风大作，惊涛击岸，坐落在哥伦比亚入海口灯塔站的工作房被数十千克重的大块石头砸塌。当时守护人员惊慌失措，又十分纳闷：灯塔附近平时没有这样的石块，这里人烟稀少，更何况将这么大的石块抛向40多米的高空，谁能有这么大的力量呢？经专家鉴定，终于找到了破坏者——海浪！其实，海浪的恶作剧时有发生。法国的契波格海港，一块3.5吨重的构件，被海浪像掷铅球一样扔过6米高的围墙。在荷兰首都阿姆斯特丹防波堤下，一块20吨的混凝土块，被海浪从海

夕阳中的灯塔

底举到7米高的防波堤上。在苏格兰的威克，一个巨浪竟将重约1370吨的庞然大物移动至15米以外。西班牙的巴里布市海边，一块重约1700吨的岩石被海浪掀翻了身。斯里兰卡海岸60米高的灯塔曾被海浪击碎。海面上100米的欧洲设德兰岛北岸灯塔的玻璃多次被海浪击碎。

1994年9月27日夜，在波罗的海航行的“爱沙尼亚”号渡轮，遭遇巨浪袭击而沉没。这艘渡轮为1.5万吨，当时正从爱沙尼亚的塔林，驶往瑞典的斯德哥尔摩，满载旅客1049名。当渡轮驶出港口后不久，海面上就狂风大作，6米多高的大浪接连向渡轮扑来，剧烈地摇摆和颠簸，使大多数乘客感到不适。到午夜时分，前舱门突然被大浪撞开，汹涌的海水立即扑向底舱的停车库，船的左舷急剧倾斜，咆哮的巨浪迅速扑上甲板，一声巨响之后，巨大的船烟囱便倒在水面上，在很短的时间内，渡轮便沉入80米深的波罗的海中。从发生隐情到沉船只有15分钟，周围船舶接到唯一的报警信号，是在0点24分。渡轮沉没后，临近的船舶和近岸的直升机，先后赶到现场营救。由于夜晚多数乘客已入睡，毫无防备，只有少数人穿了救生衣，坐到救生筏上，也都因长时间浸泡在10℃的冷水中，受尽寒冷磨难，最终得以幸存的仅有220人，800多人遇难，其中大部分是瑞典人。这是第二次世界大战以来，欧洲发生的最大一次海难，损失特别巨大，仅对伤亡人员的赔偿金就超过1亿美元。

渡轮

你知道吗

被截成两段的商船

1952年12月16日，一艘美国万吨商船，在意大利西部海面，由于海浪的波长接近船的长度，船的头尾恰好架在相邻的两个波峰上，中心部位被悬空在波谷里，龙骨受不了船体重量，加之巨浪撞击，船体被截成两段而沉没。

海浪不仅能对航船造成危害，对稳如磐石的海上钻井平台也会构成威胁。近 20 年来，遭到狂风巨浪袭击而翻沉的平台事故屡有发生，全世界因巨浪沉没的石油平台已超过 60 座。据统计，1955 ~ 1982 年的 28 年中，因狂风巨浪而在全球范围内翻沉的石油钻井平台有 36 座。1980 年的阿兰 (Allen) 飓风，同时摧毁了墨西哥湾里的 4 座石油钻井平台，遇难者达 120 多人。1983 年 10 月 6 日，美国 ACT 石油公司的“爪哇海”号钻井船受到波高达 8 ~ 15 米的 8316 号台风浪袭击在南海沉没，船上 81 名中外人员全部遇难。1989 年 11 月 3 日，“盖伊”台风在泰国南部暹罗湾横行 2 天，狂风巨浪使 500 多人失踪，150 多艘船只沉没，美国的“海浪峰”号钻井平台翻沉，84 人被淹死。1991 年 8 月 15 日，美国 ACT 石油公司大型铺管船“DB29”号，在躲避 9111 号台风的航行中被台风浪冲击为两段后沉没，船上人员全部落水，经 12 架飞机、14 艘救捞船 32 小时的奋力抢救，救起 189 人，死亡 14 人，失踪 6 人。

灾害性海浪

1968~2008 年我国巨浪灾害共出现 70 次，沉船 52 063 艘、死亡（含失踪）13 475 人，造成直接经济损失 233.5 亿元。

第二节 最可怕的海浪

突如其来的“疯狗浪”

对“疯狗浪”这个词，人们可能感到陌生，它是怎么一回事呢？

近几年来，中国台湾媒介多有报道关于在台湾东北部海岸戏水、垂钓或游览时，有人被突如其来的大浪卷入海中的悲剧发生。即便水性强的渔民在捕捞作业时，遇上这种情况也无法幸免。由于此种大浪非常危险，因此，当地民众称之为“疯

“疯狗浪”

狗浪”。

从这些报道事件中，我们可以得知，“疯狗浪”会造成人员伤亡。而且，如果海浪过高的话还会导致停在岸边的小轿车被卷入海中。因此，很多沿海旅游城市禁止在一些岸段进行垂钓、游览。

为什么称其为“疯狗浪”呢？通过相关学者的调查，发现该词是从1986年起才出现在报章杂志上。那“疯狗浪”究竟是什么呢？有关气象人员表示：“疯狗浪”是渔民对此种巨浪的称呼。在我国，最常出现“疯狗浪”的地区是台湾东北部，因为它受地形的影响较大。当然，关于“疯狗浪”的成因有很多种说法，正所谓众说纷纭，主要包括以下几种：一是在“疯狗浪”发生之前，海面特别平静，唯一的征兆就是海面突然降得很低，随后人们就可以看到前方的海面上有排浪推进，如果提前有感知的话一定要及时躲开。而在其发生的时候，海浪特别高，如果情况严重的话还会把游客、钓客甚至车辆卷入海中，触目惊心。二是认为“疯狗浪”是一种长波浪，它是由各种不同方向的小波浪汇集而成，在汇聚的过程中遇到了礁石或是岸壁的突然强力撞袭就会卷起猛浪。另外，“疯狗浪”也可能是由许多碎浪组合而成一条较长的波浪，当遇到V形海岸的时候就会产生强大的冲击力，最终威胁人类生命财产安全。三是“疯狗浪”的形成与风有着密切的关系，持续的东北季风吹刮与同类风速共振的波浪，就会促使巨大的涌浪的形成，当其与海岸相接触的时候就会将作用力倾泻于海滨某一海角，最终形成具有杀伤力的海浪。四是专家们各抒己见，有学者认为，综合“疯狗浪”形成的原因包括移动性的小风暴，或不同波长、方向的波浪相互叠加；海底山崩，一种潮波或某种近岸流；远地传来的长涌波等。

近年来，台湾地区经济迅速发展，民众开始注重休闲活动。台湾四周环海，气候温和，是从事岸边及海上休闲活动的好去处。当地有关部门顺应民意，修建了与海岸游憩相关的设施。台湾东北海岸在冬季最受欢迎的活动之一是在海边垂钓。因为在冬季天气恶劣之际，许多名贵鱼类，如黑毛、硬尾仔、红尾冬等鱼汛不断，吸引不少钓友。

但近几年每年都有垂钓者在这里被“疯狗浪”卷走的事件发生。如台湾《联合报》以《八斗于巨浪卷走十余钓客，九人获救，两人受伤，数人失踪连夜搜救》为题，报道了发生于1984年10月14日的一次“疯狗浪”。据报道，当时天气

海上货轮

很好，微风拂熙，海面微波荡漾，有十几名钓鱼的人晚上在基隆市八斗子渔港防波堤末端钓鱼，8时许，即有一名钓友被大浪卷走，但其余的人仍在该处垂钓。10时30分，突然有一大浪打上来，有四五个钓友被打下防波堤，其余六七人欲奔向安全地点时，又被卷来的大浪全部打入海中。经过在场数百名钓友和警方的抢救，有9人获救，但仍有几人被大浪卷走。就在这一夜，在基隆港的另一端也发生了有10名垂钓客落海事件。事实上，“疯狗浪”并非只危及岸边的垂钓者，海上作业的渔船有时也无法幸免。1991年8月7日凌晨，有5艘作业渔船遇十多米高的“疯狗浪”侵袭而翻覆，造成1人死亡、2人失踪。“疯狗浪”对航运、港湾设施、海洋及海岸工程等都有潜在威胁。巴拿马籍“安士玛”号货轮在宜兰外海遇上“疯狗浪”，在甲板上工作的5名船员被卷落海中，其中2名船员死亡，另3人重伤。这艘近6000吨的货轮是在驶往韩国的途中遭遇到“疯狗浪”的。

“疯狗浪”吞噬人命事件在中国香港和内地沿海也有发生。据香港报纸的报道：1994年12月28日，港岛石港后滩一批中学生在临海边岩石上观赏浪花时，突然翻起一个大浪，将其中一名学生卷入大海失踪。

你知道吗

发生在我国大陆的“疯狗浪”

在中国大陆沿海的一些地区也多次发生过“疯狗浪”卷走人的事件。例如，1992年9月1日下午，一名教师携女儿到青岛市鲁迅公园海滨游玩，在岸边的一块礁石旁给女儿留影，在按下快门的瞬间，大浪突然袭来，将心爱的女儿卷入海中，不幸遇难。

谈到天灾，最令人恐慌的是不知道灾难何时降临。台风、龙卷风、地震、海啸、山崩、水灾、旱灾等均为大自然的物理现象，由于科学

山崩地裂的巨浪

的进步，大部分天灾已了解了其成因并能预报,降低了人们的恐慌感。虽然“疯狗浪”事件每年伤亡人数比其他重大天灾、人祸等少得多，然而不知何时发生的潜在威胁使岸边垂钓、海上作业、海岸工程施工者们担忧。

究竟如何做才能避免“疯狗浪”所造成的危害呢？首先要避免危险地点。例如，海床坡度很大的地方。由于这种海床会使得碎波位置非常接近岸边，所以碎波水墙会很容易冲上岸。当然，海床坡度很大的地方有很多，如突出海岸的礁石、直立壁上近海面的平台或海堤、防波堤等，尤其是灯塔附近的防波堤。其次是注意危险季节。一般来说，如果冬季季风比较强烈，海风比较强，而海浪也是非常大的，海边就会波涛汹涌。在这种情况下，人们千万不要到海岸地带玩耍。通常情况下，在台湾冬季，黄海或东海已有冷锋产生，由于连续的东北季风比较强劲，所以产生的海浪会直接侵袭海岸。而在夏季的时候，由于台风强烈，所以要避免进入海岸地带。

总之，随着人类科技的不断发展，人们一定能降低“疯狗浪”对人类的危害。

来自深海的“水下浪”

海面的波浪是人们所熟知的，而对水下的海浪却鲜为人知了。据海洋学家测量，海水内部也存在剧烈的波浪，科学上称它为“内波”。内波的波高，一般要比海面的波浪高得多，可高达几百米，波长也有几千米，甚至上万米，可称上是“巨浪”了。

内波与海面的波浪虽然都是液体波动现象，但它们又很不相同。一般海面波浪主要是由风力扰动作用引起的，它处在水与空气的界面

海上巨浪

上，而空气与水的密度相差近千倍，海面波的最大值在海面，随着水深的增加而急剧减小，在一定深度就消失了。内波是发生在海水内部，它的存在要有两个条件，一是海水密度有稳定的分层；二是要有扰动的能源，两者缺一不可。

在海水内部，因温度、盐度等的变化，常出现密度不同的层次，如受到气压、船舶、地震活动等外力扰动，就可能在一定深度的不同密度层间产生内波。由于海水密度分布经常处于不均状态，海洋内波也是一种较普遍的现象。尤其在出现海洋跃层时，即当两层海水相对密度值大于0.1%时，在外力的扰动下，很容易在两层海水界面处产生内波。

内波的振幅为什么比海面波大得多呢？这主要是因为在海水内部，虽然相邻两层海水密度不同，但相差不大，彼此都是海水，波动受到的阻力很小，相同的能量会产生很大的波动；而海面波浪则不同，由于海水与空气二者密度相差悬殊，海浪受到的阻力大得多。这用阿基米德原理不难解释，在海水中提起重物，要比由海面提到空气中省力得多。

内波的发现经过也很有趣。1893年夏天，挪威海洋学家南森在北极探险，一天，他的船行驶在挪威海上，海面的冰层正在融化，船速在这里突然慢下来，任凭你如何加大马力，船好像被“黏住”一样。后来，人们在一些大河口海区或海冰融化不久的地方，也多次发现类似现象。为此，人们称这些地方为“死水”。这种现象引起南森极大的兴趣，经过他细心研究，终于找到了答案。他认为，船只受阻是因为船底处于淡水层和盐水层之间，在两层密度不同的水界面上，因船的扰动产生了内波，推动船舶前进的动力，都消耗在形成和维持内波上了。

内波隐匿在水中，人们不容易发觉，往往在缺乏防备的情况下，遭到突然袭击而受灾，故内波又有“水下魔鬼”之称。

狂暴凶残的“杀人浪”

如果你看过美国大片《完美风暴》，相信你对片中的惊天巨浪有着非常深刻的印象。其中的海浪有着非常大的杀伤力，令人震撼。众所周知，海洋具有神秘色彩，让人捉摸不透。世界各地海员和水手最为害怕的海浪之一就是“杀人浪”。当然，很多资料已经表明，“杀人浪”确实存在，它经常在一些海域神秘出现，严重威胁着人们的生命财产安全。

汹涌的“杀人浪”

据英国《观察家》周报报道，在很长一段时间内，主流科学界对“杀人浪”没有什么研究，认为它的存在是迷信作用的。然而，通过研究，科学家发现这种杀伤力极强的巨浪确实存在，它会经常在很多海域神秘出没。然而，以现有的科学认知，人类根本无法合理解释“杀人浪”的存在，所以对其巨大的破坏力也是无能为力的。

你知道吗

德国超级油轮的末日

德国超级油轮“明兴”号就是被“杀人浪”吞噬的著名例证。这艘有史以来最大的货船长度超过两个半足球场，被誉为“不沉之轮”。但在1978年12月7日，这艘凝聚德国海运界全部骄傲的巨轮竟在驶往美国途中突然消失！随之展开的世界航海史上最大规模的搜救行动成果寥寥，26名船员无影无踪，营救人员只找到一艘体无完肤的救生艇。

过去，这种神秘海难被解释为船体维护欠佳或航行人员操作违章，但直到近些年，科学家才发现众多事故背后另有真凶——“杀人浪”终于浮出水面。

英国超级游轮“奥里亚娜”号遭巨浪狂袭，玻璃全被打碎，10层游轮竟有6层进水，是发现“杀人浪”的标志性事件。在此事件之后，又出现了轮船沉没、船员死亡的情况。从传统理论来说，“杀人浪”是不存在的，更无法对其做出具体阐释。因为即使是在最恶劣的暴风雨中，海浪也不会高过10米。然而，在很多情况下，高达30米的“杀人浪”却出现了，这在质疑现有的气象学理论。

的确，海浪是大风劲吹海平面的结果。不过，科学家对“杀人浪”的出现却感到特别困惑。其中有一种理论认为，波浪及风向都朝向强大的洋流时，会抬高水面。而有些人对于这种理论持反对态度。他们认为，在某种特定条件下，波浪会变得极不稳定，并从邻近的波浪中吸收能量，进而形成“杀人浪”。

尽管研究人员对“杀人浪”成因有争议，但无可非议的事实是，现代船舶的设计并未考虑到如何防范“杀人浪”的杀伤力。

更让人想不到的是被称为“海上巨无霸”的法国豪华邮轮“彭特·艾温”号也遭遇到巨大怪浪的袭击。据报道，“彭特·艾温”号是法国布列塔尼渡轮公司的旗舰，是当今世界上最大型、最先进的豪华邮轮之一。通过相关资料，我们可以得知：在1995年5月21日晚，这艘“海上巨无霸”满载着包括数百名儿童在内的1150名乘客，从英国普利茅斯港出发，驶往西班牙。当地时间晚上10时25分，海上突然刮起9级大风，海面掀起阵阵巨浪。瞬时间，船舱中就是一片汪洋，面对这种情形，人们各自逃命，很多人因为自救被玻璃划伤了。对于这种突如其来的情况，大家一脸的茫然和质疑，殊不知，在巨浪来临前的夜晚就已经有征兆了。一位60岁的名叫理查德·洛伊德的乘客回忆说：“那真是一个惊险之夜。当时我们正准备穿越英吉利海峡，当船只拐入比斯开湾时，大家正在进晚餐。忽然饭桌上的瓶瓶罐罐一个个翻倒，所有东西都滑了下来。迎面的船舱玻璃被击得粉碎。几分钟过后，船上的人们惊恐地四下逃窜。有的人身上仿佛中了榴霰弹，伤口血流不止，其余的人也都满脸鲜血。”而另外一名叫万恩的女士回忆道：“在巨浪突袭邮轮的前一天晚上，由于魔术师用来表演的桌子居然从舞台上滑落，魔术表演也被迫取消。”在“彭特·艾温”号遭遇巨浪袭击之后，它只能调头驶向法国罗斯科夫港接受紧急修理。在第二天凌晨5时左右，邮轮终于靠上了码头。虽然没有造成特别大的损失，但是却值得引起人们的深思。

豪华邮轮

据悉，在变幻莫测的海洋上，平均每周有两艘大型船只突然沉没。这次袭击“彭特·艾温”号邮轮的怪浪表明，10米以上的“杀人浪”真的存在！

你知道吗

探测“杀人浪”

为了验证“杀人浪”的传言，欧洲宇航局2000年启动了“大海浪计划”，用两颗地球扫描卫星ERS-1和ERS-2对海洋进行扫描测量。数据显示，3周中，在世界不同海域发现了10个超过25米的巨浪，其中一些巨浪高度竟接近30米。

第三节　海浪预防

世界海浪气象预报

简单而实用的风浪预报方法是建立风速与波高的经验关系，例如常用的波级表。但因风浪受制于风速、风时、风区和海区形态多因素的影响，简单套用波级表作预报必将造成较大的波高预报误差，为了提高预报准确率，可采用分海区、分风向建立风速和波高的统计关系。

海浪袭来

当南海中部风速大于 10 米 / 秒以上时，风速与波高的关系明显地随风区而不同，北 – 东北的风向下风区最长，同样风速下波浪最高。

也可对不同天气类型进行分类制作灾害性海浪预报。一般分三类：一是冷空气过程；二是气旋过程；三是台风过程。对于每种类型的天气过程，确定各自的预报指标或气象要素与海浪经验公式，并依此制作大浪预报和警报。

随着对海浪各种物理过程和参数化形式认识的深入，海浪数值预报模式经历了从第一代到第三代的发展过程。第一代海浪模式是 20 世纪 60 ~ 70 年代初期发展起来的，它的物理基础是谱能量平衡观点，其后发现，其中的普适高频平衡谱形式并不存在。第一代海浪模式还有其他一些基本的定量性的缺陷，例如过高地估计了风的能量输入，低估了非线性传输的强度，它们几乎都差了一个数量级。

在20世纪70年代，广泛的波浪成长试验以及风输入后对波浪能量的直接观测，导致了第二代海浪预报模式的发展，它从根本上改变了作为第一代预报模式基础的谱能量平衡观点，但由于受计算机条件的限制，第二代海浪模式采用简化的参数化形式的非线性传输，其应用受到一定限制，在使用时需要给定高出峰值频率的那部分高频风浪谱的谱形。虽然从理论上可证实对于一般天气尺度的风场将波谱调整为准通用谱形这一做法是可行的，但是第二代海浪模式不能很好地模拟快速变化风场中产生的风浪，例如飓风、小尺度强气旋或锋面，这些模式在处理风浪与涌浪传输时也遇到了一些基本的难题。

飓风肆虐

海浪的数值模拟发展到20世纪末已达到比较成熟的阶段。西欧一些国家自1985年起着手开始了第三代波浪数值预报的研究计划，成立了一个WAM小组。他们的目的是更全面地考虑能量平衡方程中的各个项，以包括更多的物理过程，开发一个全球的波浪数值预报模式。

第三代海浪模式的另一优点是能够处理风速、风向的骤然变化，而较早的模式则无此能力。现在WAM已被国际上广泛使用，许多国家将其作为业务化的运行模式发布区域或全球的海浪预报，但在近岸浅水区，由荷兰科学家开发的SWAN模式具有较好的海浪模拟精度。美国NOAA / NCEP(国家海洋大气局管理的环境预报中心)的环境模拟中心海洋模拟小组于1996年在Delft技术大学和美国航空航天局Goddard空间飞行中心分别开发的WAVEWATCH和WAVEWATCH Ⅱ的基础上，开发了一个全谱空间的第三代海浪数值模式WAVEWATCH Ⅲ，该模型主要用于大尺度空间波浪传播过程，在传播过程中考虑了地形和海流空间变化导致的波浪折射作用、浅水变形作用和线性的波浪传播运动等。2000年年初，WAVEWATCH Ⅲ正式成为NECP的全球业务化预报模式。

现今的海浪数值模拟是在严格的海浪理论基础上建立起来的，海浪的物理机制，如风浪生成机制、小尺度海气相互作用、波浪破碎、底摩擦、波—渡相互作用、波—流相互作用等的研究成果比较成熟，人们基本了解海浪的成长与消衰过程，海浪的数值模拟完全达到了业务化的要求。

海浪灾害预警和防御

经过 20 多年的努力，我国已建立了由国家海洋环境预报中心，以及广州、上海、青岛三个分局海洋预报区台和海南(海口)、广西(北海)、福建(厦门)、辽宁(大连)四个省海洋预报台组成的我国海浪预报网。预报已由近海扩大到太平洋、印度洋、大西洋和南极大陆近海。1982 年 9 月 27 日，按照政府间海洋学委员会 (IOC) 和世界气象组织 (WMO) 的规定，由国家海洋环境预报中心每天通过无线传真，同时以 3 个频率向世界发布西北太平洋海浪实况图和西北太平洋海浪预报图。并于 1986 年 7 月 1 日起，每天通过中央电视台和中央人民广播电台播放中国海和西北太平洋 24 小时海浪预报。同时还通过电传、电报、电话、有线传真向国内外用户提供上述海区和世界其他大洋的专项预报服务，服务领域包括海洋运输、海洋科学考察、海洋石油开发、海洋渔业、海上军事活动、海上施工、重要拖航、海上救助、海上休育比赛、海上旅游等。近年来，每当灾害性海浪袭击我国大陆近海时，海浪预报网都会及时地向国家防汛指挥部、沿海省(区、市)政府及其防汛指挥部门、中国石油总公司、海军以及沿海渔业部门发布灾害性海浪警报，由此大大减轻了海浪造成的危害。经过多年预报结果统计，目前灾害性海浪的 24 小时、48 小时和 72 小时预报准确率分别为 88.8%、86.5% 和 82.1%。

海洋石油开发

在 2006 年 10 月国家海洋局发布的《风暴潮、海浪、海啸和海冰灾害应急预案》中，把海浪预警级别分为Ⅰ、Ⅱ、Ⅲ、Ⅳ四级警报，分别代表特别严重、严重、较重，一般。颜色依次为红色、橙色、黄色和蓝色。

《预案》中规定了各级预警警报发布的流程和授权范围等，例如，国家海洋环境预报中心根据国家海洋环境监测预报系统提供的预警信息，预计将达到海浪Ⅰ级（红色）警报时，由国家海洋环境预报中心主任或其授权人签发，在1小时之内以传真形式和其他通信方式报送国务院值班室、国家防汛抗旱总指挥部、中国国际减灾委员会、国家海洋局、总参谋部等有关部门和受海浪影响的沿海省（自治区、直辖市）、计划单列市人民政府，以及海区、沿海省（区、市）、计划单列市海洋预报（中心）台等。海浪Ⅰ级紧急警报（红色）应通过中央电视台和中央人民广播电台播放，国家海洋环境预报中心应在2小时内送达中央电视台和中央人民广播电台，负责与其协商，在就近整点新闻或新闻联播中播放，跟踪播放情况，并将播放情况报告国家海洋局海洋环境保护司。海浪Ⅰ级紧急警报还应向国家海洋局海监总队、中国海事局、中国海上救助打捞局、农业部渔政局、海上石油生产部门、航海部门发布。

中国海事局巡视船

目前沿海省市各级政府，以及海洋运输、海洋石油、海洋渔业、沿海军事等部门一般都制定了防御灾害性海浪的应急预案，预案规定了防范海浪灾害的组织指挥体系及相关单位的职责、应急响应、保障措施和善后工作等。目的是全面提升防御海浪灾害的能力，最大限度地减轻海浪灾害带来的损失，保障人民群众生命财产安全和社会经济的持续稳定发展。

港口卫士——防波堤

海浪对海岸有巨大的冲击力，每平方米可达50多吨。这样大的力量，足以摧毁堤岸、码头和其他岸上建筑设施。人们在长期实践中，学会了在沿岸码头前，建造专门防止海浪冲击的防波堤，以减轻它的破坏力。

要抵挡住海浪，防波堤必须坚固。早期的防波堤，只是把大小不等的石块，在垂直于海浪的来向上，码放成一条松散的石堤。有的在石块之间，也没有很好的黏结，这种防波堤只能挡住一些小的海浪，遇到一些大的海浪时就会顷刻瓦解。后来，人们对这种松散石堤做了改造，在堤外又堆放了些形状不规则的异型块体，取得较明显的效果。这些异型块体的形状不同，对消除海浪的作用也不一样。目前，研究这类异型块体的消波功能，已成为专门的学问。此外，人们还用水泥与石块把堤身砌成斜坡，以增强其抗浪的强度；但因工程量很大，又改用直墙堤。最初的直墙堤，用预先制好的水泥块，每块约有几吨重，用浮吊垒建起来。限于浮吊的起重能力，预制水泥块不能过大，这又影响了筑堤的速度和质量。

众所周知，在海上施工很受限制。比如，要选择大潮期间的最低潮位施工，以尽量减少潮汐对施工的影响；同时，最好在风平浪静的日子，免得风浪捣乱，并且要求施工进度快，以避开坏的天气和海况。由此，人们又发明了沉箱式防波堤。沉箱是由钢板焊接的空壳，像一个个的火车车厢一样。预先在船坞内做好沉箱，在坞内放水浮起沉箱，再用拖船把它运往施工现场，按预定位置放好，向箱内灌水或放入石块，使箱体落到海底。这样，一节节沉箱就构成了一道直墙式的防波堤。目前，这种沉箱越做越大，大的沉箱每个重几千吨，长宽高都有几十米，好像一条空壳的船体一般。这种防波堤两侧平直，建成后可以兼作码头，大大提高了利用率。

随着新技术和新材料的出现，

正在作业的浮吊

防波堤

使防波堤的结构与形式不断改进，在直墙式防波堤的基础上，又相继出现了多孔透空式防波堤、浮式防波堤、空气防波堤等。

在众多的防波堤中，最令人耳目一新的是空气防波堤。它的消浪原理很简单，主要是利用压缩空气，在海水中形成一道几米厚的“气泡墙”，这是由于在管道内通过压缩空气，使无数个大小气泡，与周围海水混合起来，在水中形成一条特殊的“水带”。这条水带好像是海水里的一条“深沟”，海浪一进入“沟内”，就被里面的气泡包围“吃掉”了，从而起到消浪作用。空气防波堤的构造也较简单，主要在海底或水中，设置一条或几条有孔管道。使用时，将压缩空气压入管内，空气从小孔中喷出后，立刻在水中形成气泡上浮，一连串的气泡就构成了一道围幕，并扰动附近水体一起上升，到达水面时即形成方向相反的两支水平射流，分向两边流去。在海底，为了补充上升水流的空缺，也会形成两支相向的水平流。于是，在管道两侧形成了两个封闭的环流，周而复始地进行循环。当海浪传到这里，首先与迎面来的水平流相遇，一部分海浪被破碎，余下的海浪继续前行，进入垂直上升的气水混合流区，不断遭到破碎，直到全部被“消化吸收”，从而起到了防浪作用。

空气防波堤的兴建、维修和拆卸都较方便，投资也比较小，特别适合于在水深较大、地质条件复杂、施工难度大的港湾建设。目前，建造空气防波堤最大的难点，在于压缩机的动力问题。因空气防波堤的用电量很不稳定，电力用量是随风浪大小来决定的，而电厂供电或自行发电都会遇到高峰时电力不足，低峰时又浪费电力等问题。为此，设计师又产生了一个新的想法，即在离海岸不远的海面上，安装一列浮筒，空气压缩机放在浮筒内，它的活塞与浮筒锚链相接。当浮筒随浪头下降时，活塞就把空气吸进压缩机内；当浮筒随浪头上升时，活塞把空气压进水下管道。这种浮筒式空气压缩机，能随海浪大小自动地保证供给防波堤足够的空气，起到以浪制浪的作用。这种一举两得的构思是否可行，还有待于实践来验证。

第五章
巨浪滔天的咆哮：海啸

众所周知，海啸的能量是无穷的，它对人类的危害具有毁灭性。当发生海啸的时候，它会产生巨大的能量，而这些能量会使波浪既高又大，不仅威胁着人类的生命安全，而且还能造成巨大的经济损失。所以，在所有的海洋灾害中，海啸的危害非常大。

第一节 恐怖的海啸

海啸的内涵

什么是海啸？简单地说，就是海洋里发生的地震。它不像陆地，地震波在海水中传播的速度极快，每小时可达700～800千米，波长可达100千米以上，但波高却与平常的海浪相当。因此，在深水的汪洋里，海啸就不大容易被发现，但在浅水海域里，特别是海边滩地上，情况就不同了，那里的波长显著缩短，波高则迅速增高。当其冲击海岸时，波高可达10～20米，最高的可达64米，形成巨大的波涛，顷刻之间就可以摧毁堤岸、码头、建筑物，其严重的破坏程度当然也是很惊人的。

巨大的海浪

例如1896年6月15日发生在日本三陆地区的7.6级地震后海啸，将正在欢度节日的2.7万居民冲走，毁坏房屋万余幢，当时的浪涛高达24米。1933年，日本海沟发生8.5级的大地震时，沿海地区掀起的巨浪高达27米。海浪以每小时750千米的速度向东推进，10小时以后，传到旧金山，20小时以后，传到南美洲的智利北部，并使那些地方遭到一定的损失。

又如1900年智利发生的8.4级地震时，不少地方在几分钟之内下沉2米，海洋上随之出现巨大的海

海啸肆虐

啸，波涛横渡太平洋，迅速到达日本，把日本一艘颇大的海上渡轮推到岸上，并压塌一座海滨民房。如果在船只航行时偶然遇到如此巨大的海啸，其后果之惨，不难想象。

你知道吗

海啸的最早记载

古希腊的亚历山大大帝在征服东方后，打算从海路返回希腊。当他带领军队到达海岸时，却惊讶地发现他的马其顿舰队已经被一场神秘的海浪吞没。究竟是何方海浪，有如此巨大的力量？现代史学家认为，这是人类历史上有文字记载的第一次海啸。

我国地处太平洋西岸，沿海大陆架面积较大，水深均在200米以内，一般外海来的海啸经过海底摩擦，能量大减，故很少有重大危害性事件发生。1867年12月18日，位于基隆以北的海域里曾发生6级地震，引发的海啸造成极大的破坏，在台湾北部沿海有人员伤亡。

由于地震的波速大于海啸的波速，所以目前完全有可能对海啸发出警报，届时，船只应离港出海逃避，居民撤到安全地带。在沿海一带修建工程，应考虑到海啸的历史情况和安全措施。这样即使有海啸发生，也可减轻损失。

海啸的传播

海啸的传播是指海上之长浪，从发生地区由内而外，向四面八方

海啸波

传播。

海啸波质点运动的特征是，海啸的波长(10 ~ 100 千米)比海水的深度(约数千米)大得多，水深达数千米的海洋，对于波长 10~100 千米的海啸，犹如一池浅水，所以海啸作为一种重力表面波是一种“浅水波”。当它在海洋中传播时，振幅随深度衰减很慢，慢到了几乎没有什么衰减的程度；并且，海水质点在垂直方向的运动幅度比在水平方向的运动幅度小得多，呈极扁的前进的椭圆形，扁到几乎退化为一条直线，以至整个海洋，从海面直至海底的海水质点、同步地沿水平方向往复地运动，携带着大量的能量袭向海岸。

平常的海浪或风暴潮，虽然与海啸两者同属重力表面波，但由于风暴潮波长(数量级约 100 米)比海水的深度(数量级约为 1 千米)小得多，所以是一种“深水波”。海水质点的运动只限于在距深海大洋的表面数量级约 100 米的深度范围内传播。海水质点在垂直于海面的平面上运动，呈前进的圆形；振幅随深度很快地衰减，到了大约半波长，即数量级约为 100 米的深度即衰减殆尽。尽管海面上波涛汹涌，潜没在水下的潜艇却岿然不为所动就是这个道理。

你知道吗

发生在智利的大海啸

1960 年 5 月 22 日，智利西海岸发生里氏 9.5 级地震引发海啸，最大波高 25 米，使半座城市变成瓦砾场，死亡数万人。海啸波以每小时 700 千米的速度横扫太平洋，越过夏威夷，把海堤十几吨重的玄武岩块抛出百米以外，一座钢质铁路桥被推离桥墩 200 多米，毁坏建筑物 500 多座，死亡 61 人。海啸波继续向西，能量仍未减低，在智利地震发生 22 小时后，海啸波登陆日本，8 米多高的海浪冲上海岸，将船只抛到建筑物之上，造成日本 800 人死亡，1.5 万人无家可归。

海啸发生后，首先在发源地传播，上下翻腾，然后以重力长波的形式向各个方向传播，最后到达近岸，以快速高振幅冲向海岸。海啸在传播过程中，如果不发生反射、绕射和摩擦等现象，则两波线之间的能量与波源的距离无关，波高随相邻两波线间的距离和水深的变化而动。在绝大多数情况下，海啸发源地的海底山脊、陡岩、断层呈狭带状分布。由于海中陡峭隆起与山脊均是波导，而波导面上能量显著集中，引起波高增大，致使能量辐射具有明显方向性。例如，1946 年 4 月 1 日的阿留申海啸和 1952 年 11 月 4 日的堪察加海啸，就是明显的例子。

在水深急剧变化或海底起伏很大的局部海区，会出现海啸波的反射现象。在大陆架或海岸附近，海啸在传播过程中有相当多的能量被反射，称为强反射；而在深海下的山脊和海底上的反射则属弱反射。如果水深和波长的比值远大于水深的梯度，则不发生反射。此外，海啸波在传播过程中遇到海岸边界、海岛、半岛、海角等障碍物时，还会产生绕射。海啸进入大陆架后，因深度急剧变浅，能量集中，引起振幅增大，并能诱发出以边缘波形式传播的一类长波。当海啸进入湾内后，波高骤然增大，特别是在 V 形（三角形或漏斗形）的湾口处更是如此。这时湾顶的波高通常为海湾入口处的 3 ~ 4 倍。在 U 形海湾，湾顶的波高约为入口处的 2 倍。在袋状的湾口，湾顶的波高可低于平均波高。海啸波在湾口和湾内反复发生反射时，往往会诱发湾内海水的固有振动，使波高激增。这时可出现波高为 10 ~ 15 米的大波和造成波峰倒卷，甚至发生水滴溅出海面的现象，溅出的水珠有时可高达 50 米以上。

海啸的类型

海啸一般有两种类型：一是本

遥海啸波

地海啸；二是遥海啸。

本地海啸从源地到岸边距离不到100千米，海啸波传播速度很快，到达沿岸的时间只需要几分钟，或几十分钟而已。海啸速度快到往往人们接到预警之后已经来不及防御，从而造成极大的灾害。

遥海啸指的是从大洋深处或横越大洋传播而来的海啸波。遥海啸波是一种波长可以长达几百千米的长波，周期能够达到几个小时。这种长波在传播过程中几乎能够保持能量不减，所以，在传播到几千千米以外仍能造成很大的灾害。但是因为这种海啸发生距离较远，海啸波的速度远远快于海啸的传播速度，因此，可以相当准确地预测它的到来，这样就很容易警告和疏散可能受到影响的人们。1755年里斯本地震海啸属于本地海啸，而1960年智利发生地震后，又在夏威夷引发海啸的灾害则属于遥海啸。

在这里，需要注意的是，一次海啸的发生过程中，关于本地海啸和遥海啸的分类并不是绝对的。比如，在2004年12月26日，印度尼西亚的苏门答腊岛附近海域发生的8.9级强烈地震，同时引发了巨大的海啸，地震的震中就是海啸波的发源地。海啸波从发源地到印度尼西亚受灾最严重的班达亚齐只用了几十分钟，对于印度尼西亚来说，这就是本地海啸；但是对于印度、斯里兰卡、马尔代夫、泰国、缅甸、马来西亚等国来说，海啸波传播需要好几个小时，就属

海啸发生时会波及海岛

于遥海啸的范畴了。

海啸的危害

海啸的危害巨大，下面主要介绍三个方面。

(1) 海啸对海洋生态环境的影响

海啸对海洋生态环境的影响是最为重要的，下面以 2004 年印度洋海啸为例说明。

印度洋海啸不仅严重地危害了印度尼西亚的人民生命财产安全，而且还严重破坏了陆地和海洋生态环境，灾害是转瞬之间就能造成的，但是要恢复则需要长期的努力。

印度尼西亚农业部的有关统计资料指出，频繁的海啸冲毁了印度尼西亚境内 3.7 万公顷的土地，其中包括一些即将丰收的稻田和杂粮田。海啸造成的危害是长期的，海啸过处，不只是田地庄稼被冲毁，耕地被海啸冲过之后含盐分极高，需要很长一段时期用清水冲刷去盐，但是有些耕地已经很难再恢复了。

印度洋海啸冲入印度尼西亚境内的班达亚齐以及沿海其他一些重要城镇 2 ~ 3 千米，甚至有些距离海岸边 10 多千米以外的地方也遭到了海水侵袭。海水不仅冲毁了农作物，更使得房屋倒塌、家畜死亡，还破坏了大片土壤的表层养分。

大海啸冲击灾区产生的污水，严重污染了水源，造成这些地区内的食用水井和城市水源严重盐化，治理之前的一段时间内这些水源全都不能饮用。而工业与家庭污染物质随着海啸的冲击被带到附近的水源与土壤中，又加重了环境的污染。

冲向陆地的大海啸虽然起源于海中，但也会对当地的海洋生态造成重创，珊瑚礁、红树林和海洋鱼类都受到严重的污染。印度尼西亚巴厘岛的国际环保组织负责人指出，印度洋海啸对生态造成的破坏极为明显，当地海床的水草和红树林都受到破坏，影响最为严重的是珊瑚礁，这种海洋生物需要几百年的时间才能得到恢复。珊瑚礁为鱼类的繁殖提供了良好的环境，一旦珊瑚礁受损，环印度洋的渔业也必然会受到长远的不利影响。

印度洋地震和海啸也对震中周围的一些岛屿产生了影响。印度尼西亚一些地质专家在实地考察后发现，距离震中较近的部分岛屿的地形已经发生了明显的变化，尤其是锡默卢岛出现了北翘南沉的地形变化。而印度尼西亚受灾最为严重的米拉务镇到班达亚齐一带的海岸线已经下沉了1米左右，导致部分海滩的消失。这些变化对当地海洋生态产生的都是负面影响。

(2) 海啸对海洋生物的影响

海啸灾害对海洋生物也有很大的影响，现在，受灾地区的一些濒

滨海红树林

危海洋生物,引起了科学家的忧虑。此外，让科学家关心的，还有那些动物赖以生存的栖息地。

一位印度海洋生物学家在安达曼和尼科巴群岛调查生态系统的受灾情况时发现，许多种类的海龟，最年幼的一代已被海啸带走。海龟的产卵季节一般在11月至次年1月之间，但是海啸过后，由于地壳构造运动，位于南安达曼、小安达曼和尼科巴等岛屿群的小岛都下沉了1～3米，几乎所有适合海龟等动物产卵的海滩也都消失不见了。

而主要生活在安达曼群岛的儒艮(俗称美人鱼)，也受到了不同程度的影响。这种动物最为奇特的特征是长着像鲸一样的裂尾，人们通常将儒艮称为美人鱼。儒艮不像海豚那样擅长游泳，所以，在海啸发生时，很容易出现溺毙现象。海啸的影响甚至还延伸到了咸水鳄鱼栖息的小溪地区，对这些地区造成了严重的破坏。

儒艮

你知道吗

儒 艮

儒艮的名字是由马来语直接音译而来的，也有人称它为“南海牛”。它与陆地上的亚洲象有着共同的祖先，后来进入海洋，依旧保持食草的习性，已有2500万年的海洋生存史，是珍稀海洋哺乳动物。目前，由于偷猎行径，儒艮已是一种濒临灭绝物种，一些偷猎者猎杀它们，目的在于以儒艮肉、体油和骨骼牟取暴利。

(3) 自然屏障毁于人祸

珊瑚礁和红树林面临着严重的生存威胁，海啸袭击只不过是其中的一种，还有其他各种自然的和人为的因素影响着它们的生存。比如，1998年出现的海水异常升温，引发了一种“漂白”的现象，对世界上75%的珊瑚礁都产生了不利影响，海水的异常升温使得珊瑚虫排斥维持它们生存的藻类，珊瑚礁慢慢都变成了白色。如果水温在很长一段时间内持续高温的话，就会造成珊瑚虫的死亡。

除了这些不可避免的自然因素外，各种各样的人为因素也要对珊瑚礁的不利生存环境承担责任。比如，采用爆破手段等不可持续的捕鱼方法过度捕鱼、土壤腐蚀、海洋项目的盲目开发和过度采集珊瑚礁中用于建筑的原料等。

人类为了取暖、建筑等原因肆无忌惮地砍伐森林，尤其是盛产于河流入海口的红树林，遭到了大面积的砍伐和破坏。缺少红树林保护的干燥地区吸收大量海水，造成土壤盐分的持续增加，使庄稼和其他植物没有足够的养分而难以存活。

印度尼西亚方面研究发现，一次海啸造成的灾害至少需要 4 年时间，才能使海啸灾区的生态环境得以恢复，然而海啸是频繁发生的，有时不只一年一次。因此，为了人类的生存，要避免给红树林和珊瑚礁等生态系统带来更大压力，以便让它们在最短的时间内恢复正常功能。

珊瑚礁

海啸发生区的分布

全球构造运动最活跃的地带，是环太平洋带和地中海－喜马拉雅带，也是地震和火山分布最多的地带。按地槽构造学说，环太平洋带是现代地槽区带，目前仍处于强烈拗陷，是岩浆、断裂、褶皱活动最强烈阶段，表现出频繁的地震，强烈的火山喷发，断裂错动、滑坡和崩塌时有发生。而地中海－喜马拉雅带是新近纪地槽回返形成的褶皱带，挤压、断裂、褶皱非常发育，形成欧洲的阿尔卑斯山和亚洲的喜马拉雅山，陆地表现为逆冲型地震，在地中海表现为地震、火山和海啸。

从板块构造来看，环太平洋带下降岩石圈海洋板块向大陆板块俯冲，由浅震、中震以及深震组成了贝尼奥夫地震带。而阿尔卑斯－喜马拉雅带是非洲及印度板块向欧亚板块碰撞，形成了近东西向的板块碰撞带。虽然，地震不直接引发海啸，但海啸源大致与地震带一致。全球有记载的破坏性海啸大约有 260 次，平均六七年发生一次。发生在环太平洋地区的地震海啸就占了约 80%。而日本列岛及附近海域的地震又占太平洋地震海啸的 60%

日本海啸灾害

左右，日本是全球发生地震海啸最多，并且受害最深的国家。

全球大海啸环顾

公元前16世纪，克里特岛北边的桑托林岛火山发生了一次极为猛烈的火山喷发，在火山喷发以后，只剩下锡拉岛和一些小岛矗立在爱琴海中。后来，经过海啸专家的研究，发现由那次火山喷发引起的海啸巨浪高出海平面90多米，并且300千米外的尼罗河河谷也受其波及。

1498年9月20日，一场8.6级的地震发生在日本东海道海底，由此引发了一场最大波高15～20米的大海啸。在伊势湾，有1000座以上的建筑被其冲毁，5000余人死亡；在伊豆，海浪侵入内陆达2000米，伊势志摩受灾惨重，根据静冈县《太明志》的记载，有2.6万人死亡；在三重县，有1万人死亡。

1755年11月1日，强烈的地震在里斯本附近海域发生，不久，海岸的水位出现了大退落，以致整个海湾底部都显露出来，看到这一奇景，好奇的人们纷纷到海湾底“探险”。然而，不幸的是，仅仅在几分钟后，隐退的波峰重新席卷而来，海岸遭到了滔天巨浪的冲击，有几万居民被海水席卷而去，其中，那些“探险”的“探险家们”无可避免地成了那次海啸的第一批牺牲品。此外，城市也遭到了海水的淹没。荷兰、英国及马德拉群岛、亚速尔群岛、小安地列斯群岛等地受到了海啸的席卷，就连西班牙濒大西洋的海港加的斯，也遭到了10米巨浪的袭击。

1783年2月5日，一场大地震发生在意大利的墨西拿海峡，海啸和洪水灾害也伴随发生，墨

大海啸

火山喷发可能会引起海啸

西拿城遭受了灭顶之灾。同年4月8日，地震又一次毫不留情地侵袭当地，在这短短两个月时间内，人们遭受了极其惨重的损失和折磨，有3万余人直接死于地震和海啸灾害中。

1883年8月26日和27日，喀拉喀托火山喷发，使得苏门答腊和爪哇之间的巽他海峡受到20立方千米的岩浆侵害。而后，由于火山喷发到最高潮时，岩浆喷口突然倒塌，一次大海啸被引发……苏门答腊的巨浪高达36米，爪哇梅拉克的海浪高达40余米，遇难人数达到3.6万人。这场海啸波及的范围极广，几乎全球都受到不同程度的影响，其中，它的震波甚至被英吉利海峡的观潮器录了下来。

1896年，日本三陆发生了震级为里氏7.6级的地震引发的大海啸，尽管没有地震灾害直接发生，但却有2.7余万人死于海啸中。此外，日本关东大地震引发的海啸也极其著名，它造成了十分严重的损失，有8000余艘船只沉没，沿岸的大小港口也受到影响处于瘫痪状态，死亡人数达5万余人。

1908年12月28日，在意大利墨西拿又发生了7.5级的地震，而后引发了海啸。在近海区域，巨大海啸掀起了高达12米的波浪。这次地震海啸不仅是20世纪以来死亡人数最多的一次，也是欧洲有史以来死亡人数最多的一次。

1933年3月2日，一场8.9级的地震发生在日本三陆近海，而后引发了浪高29米的海啸，造成3000人死亡。

1946年4月1日，一次大海啸在夏威夷发生。这场海啸的起因是距夏威夷3750千米的阿留申群岛附近海底发生了7.3级的地震。在发生地震45分钟后，阿留申群岛中的尤尼马克岛首先遭到了滔天巨浪的袭击，一座架在12米高岩石上的钢筋水泥灯塔和一座架在32米高的平台上的无线电差转塔被海啸彻底摧毁。之后，海啸朝着南面一路横扫，速度可与喷气式飞机媲美，夏威夷岛上的488座建筑物遭到摧毁，死亡159人。

1959年10月30日，一场海啸发生在墨西哥，而后海啸引发了山体滑坡，造成5000人死亡。

1976年8月16日，菲律宾莫罗湾发生了海啸，造成8000人死亡。

1978年7月17日，一场里氏7.1级的强烈地震在西太平洋距离巴布亚新几内亚西北海岸12千米的俾斯麦海区发生。在地震发生20分钟后，又发生了震级为5.3级的余震。之后，灾难好像已经过去，似乎一切又恢复了平静，但是，却有一场更大的灾难即将威胁住在巴布亚新几内亚

海啸引发的山体滑坡

西北海岸与西萨诺潟湖之间狭长地带的近万村民。当一种异样的隆隆声由远而近朝着村庄袭来时，浑然无觉的村民还只当那是一架喷气式飞机飞临时发出的声音，很多村民还跑出来看起了热闹，但是，转瞬间，10 米高、20 千米长的巨浪就呼啸着朝张望的村民席卷而来，顿时，海浪就淹没了 7 个绵延横亘在海滩与西萨诺潟湖之间的村庄。仅仅几分钟的时间就把风光迷人的度假乐园西太平洋变成了人间地狱。1 万多人中，失踪或死亡的就有 7000 多人，生还的仅有 2527 人。

1992 年 9 月至 1993 年 7 月间，印度尼西亚群岛及太平洋沿岸的尼加拉瓜遭受了三次海啸的袭击，在这些大海啸中，有 2500 人被夺去生命。

1998 年 7 月 17 日，一场地震在大洋洲巴布亚新几内亚海底发生，地震引发了 49 米浪高的海啸，造成数千人无家可归，2200 人死亡。

2004 年 12 月 26 日，地震在印度尼西亚苏门答腊岛发生，还引发了大规模的海啸，对印度洋沿岸多个国家造成了不同程度的伤害，这场海啸灾难可能是近 200 多年来世界上死伤最为惨重的一次。

2010 年 2 月 27 日，智利比奥比奥沿岸附近陆地发生震级为里氏 8.8 级地震，随后引发海啸袭击环太平洋沿岸国家。

2011 年 3 月 11 日，日本宫城县仙台市以东的太平洋海域发生里氏 9.0 级地震，引发了一场灾难性海啸。

第二节　海啸的预防

海啸预报与预警

地震海啸预报，从人的认知程度和科技水平来说是不可能的，但地震海啸预警却是可行的，尽管有时不太准确。

1. 海啸预报

引起海啸的原因很多，就紧随地震而引发的海啸而言，目前是无法预报的。

因为海底地震还不能预报，到目前为止，地震学家只知道地震环太平洋成环带状分布，沿地中海成东西向带状排列，而对于在上述地震带中将于何时、何地发生多大震级的地震还是无法预测的。

地震与海啸不存在直接的因果关系。海底发生地震不一定都会引

海啸后的景象

起海啸，据统计，海底发生6级以上的地震1.5万次，仅引发100次海啸。据作者研究，地震不直接引发海啸，地震的强烈震动和断裂突然错动，引起巨大体积的海底滑坡和崩塌，才能间接引发海啸。但是就目前的科技水平和条件，要想查明全球地震海啸带哪些地段孕育、存在海底滑坡体和崩塌体，并且要鉴别它们的成熟程度，是很难办到的。这也就是为什么设在夏威夷的美国太平洋海啸预警中心，从1948~1996年，一共发布20次海啸预警，只有5次是真警报，其中15次属误报，实际没有发生海啸。基于上述两种理由，目前要预报地震海啸是不可能的。

2. 海啸预警

从发生地震到地震引发海啸、从发生海啸到传至海岸，人类可以充分利用已知的地震发生时间与已预测到的海啸行程的时间差进行预防。尤其是对于远洋海啸或距离海啸发生源较远的沿岸地区，更有可利用的预防活动时间，但这必须以准确及时的预警为前提。如1960年智利地震海啸传播到日本要经过22小时，传到夏威夷需13个小时，这样就可以利用海啸监测网获得信息，在短时间内做出预警，为该地区赢得时间。

夏威夷风光

（1）设立海啸预警系统

美国是除日本之外遭受海啸威胁最严重的国家。阿拉斯加州于1964年发生地震和海啸，导致132人死亡。此后，美国迅速建立了海啸预警系统。目前，美国有两个海啸预警中心：一个是阿拉斯加海啸预警中心，另一个就是太平洋海啸预警中心（PTWC）。太平洋海啸预警中心在1965年成立，包括中国、日本、澳大利亚等环绕太平洋的26个国家都参与其中。所有加入太平洋海啸预警系统的成员，都是通过全球通信网(GTS)与太平洋海啸预警中心相连，通过卫星24小时不间断传输信息。

太平洋海啸预警中心前身是1948年在夏威夷成立的海啸警报中心，1964年国际上成立了全球海啸预警系统协调小组。太平洋海啸多，海啸预警系统较完善。太平洋海啸警报中心是美国于1964年在夏威夷的檀香山设立的，后发展成太平洋沿岸国家联合组成的国际性海啸警报机构，由美国国家海洋大气局的气象局主管。太平洋海啸预警中心在地震发生后，收集太平洋海盆的地震波和海潮监测站探测到的信息，交换各国情报。评估能引发海啸的地震并从檀香山分部向参与该系统的 26 个国家发布预警信息。

你知道吗

我国的海啸史

根据可查的历史资料，中国在公元前 47 年到 2002 年期间共发生 29 次海啸。1781 年发生在台湾地区的海啸导致 4 万人死亡，被认为是中国历史上最严重的一次海啸灾难。尽管中国的大陆架、岛屿等地质构造有些特殊，受外洋的海啸影响较小，但国际上仍将中国划为海啸危险区之一。有专家认为，中国东部有四个主要地震海啸冲击危险区，即京津唐、苏北、南黄海地区和台湾地区。

根据已知的地震位置、震源和发生时间及其与可能受震目标之间的大洋深度，以及海啸传播速度，则可以预测出海啸到达的时间。如果印度洋也有这样的系统，人们就可以利用震后到海啸登陆的宝贵 90 分钟时间进行预防。预警早 1 分钟可挽救上万人的生命。2004 年印度尼西亚大海啸后，陆续有印度、印度尼西亚加入了太平洋海啸警报中心。此外，日本、澳大利亚和中国除了加入太平洋海啸预警中心外，还建立了一套自己的海啸预警系统。

太平洋海啸预警中心监控图

（2）海啸预警发布过程

海啸预警系统是侦测海啸并发出警告以避免在海滨人员死亡的系统，它包含两部分：一部分是侦测系统，另一部分是通信系统和海边预警系统。

①侦测系统的检测。当某地发生大地震时，地震仪器触发警报，并立即分析地震记录，将数据发送到 PTWC。根据收到的地震台站的报告，或者根据自己的地震台站触发记录的结果，PTWC 的工作人员将上网查询来自美国国家地震信息中心 (NEIC) 的有关此次地震的邮件。如果 NEIC 的地震信息系统还没有发送电子邮件报告，PTWC 的地球

物理学家便会登录到NEIC系统，使用国家地震台网(NSN)的数据进行定位。PTWC设置了警报阈值，大约6.5级或者更大地震时会激活预警系统。

②海啸预警的发布。地震的位置和大小确定后，就要准备发布海啸预警信息。如果地震是在太平洋海域内或其附近，震级达到6.5级或更大，但小于或等于7.5级(在阿留申群岛是大于7.0级)，那么就要向预警系统的各成员国发布海啸信息公告。当地震震级大于7.5级(在阿留申群岛是大于7.0级)，就要向预警系统的各成员国发布海啸预警公告,通知它们海啸可能已经形成，要求它们将预警信息转发给公众，以采取必要的防范措施。

如果地震足够大，能够引发海啸，并且发生在海啸可能产生的地区，PTWC会检查震中附近的潮汐台站自动发来的潮汐数据，看是否有海啸产生的迹象。如果这些数据显示海啸已经形成，并对太平洋部分或所有地区的人们构成威胁，PTWC将发布海啸预警公告，该海啸预警公告也可能升级为整个太平洋范围的海啸预警公告。海啸预警发布机构需要预先制定详细的应急预案，将危险地区人员疏散。如果潮汐数据表明是一个微不足道的海啸，或者海啸还没有形成，PTWC将发布消息，取消其先前发出的海啸预警。

潮汐台站

（3）经验预警

海啸科普知识告知人们，海啸来临之际常发生海水退潮现象。在海啸频发地带。生活在海边的人们与长年在海中作业的渔民，都有这种常识。

①知识的力量。2004年12月26日，印度尼西亚苏门答腊西南海域发生的9.0级地震引发大海啸，在泰国布吉岛，一个名叫蒂莉的小女孩正与家人一起享受美妙的阳光和沙滩。突然,她发觉海水有些反常，变得有些古怪，冒着气泡，潮水突然退下去了，而这正好和地理老师曾经讲过的关于地震及地震如何引

发海啸的知识吻合：地理老师曾经告诉她，在海啸发生前10分钟左右，海水会出现退潮现象。

“我知道正在发生什么，并且有一种感觉，将会是海啸。我就告诉了妈妈。”蒂莉事后在接受英国《太阳报》采访时说。

蒂莉的警觉得到了重视，整个海滩和邻近饭店的人们在海啸袭至岸上前都及时撤离了。《太阳报》的报道说，因为小蒂莉的一句警告，海滩上没有一人伤亡，因此把这个小女孩赞誉为“海滩天使”。

关于这件事情，蒂莉说：“如果你身处海啸或其他自然灾难，那么了解海啸或其他自然灾难的知识是一件非常好的事情。我对我能够在海滩上说海啸就要到来感到很高兴。我对他们能够听取我的意见感到很高兴。”

的确，“知识就是力量”！毋庸置疑，在很多时候，知识能挽救很多人的生命，也会减少其他方面的损失。

②信仰崇拜。在泰国，有一群被称为“摩根海流浪者”的渔民。可以说，在整个国家中，他们与海洋的关系最为密切。当雨季来临的时候，他们航行在安达曼海上，从印度到印度尼西亚，然后再返回泰国。在4月过后，他们就会待在岸上的小屋中，主要靠捕捉鱼虾来维持生活。在5月的节日上，这些渔民会通过自己的形式来请求得到大海的宽恕。

泰国风光

一般在圣诞节前后，海啸就会如期而至。“摩根海流浪者”们发现，海水迅速地向地平线退去，而很多人都会下海捡那些被冲到沙滩上的鱼。但这些“摩根海流浪者”并没有这样做，而是往山顶出发。最终躲过了这场灾难。

众所周知，“海水突然退潮，就可能有海啸来临”。当然这也是生活在海啸频发的地带的居民应该懂得的常识。但是，很多人仍然不知道这个道理。而“摩根海流浪者”们之所以能够得救是因为他们拥有信仰，他们相信关于海啸的传说。

（4）科学指导防海啸

①地震是海啸最明显的前兆。如果地震发生了，千万不要到海洋或者是河流的入海口。如果听到关于附近有地震的消息，一定要提前

做好防海啸的准备，时刻关注电视和广播新闻，做到未雨绸缪。另外，特别要注意的是，海啸有时会在地震发生几小时后到达离震源上千千米远的地方。

②如果行驶在海上的船接到海啸预警，应该避免返回港湾，因为海啸在海港中造成的落差和湍流非常危险。如果时间充足，船主应该在海啸到来之前将船开到开阔的海面。如果没有足够的时间，那么就要尽其所能地撤离停泊在海港里的船只。

③在海啸登陆的时候，海水高度会有明显的变化，如果你看到海面后退速度异常快，那么就要立刻撤离到内陆地势较高的地方。

④在出海的时候，每个人都应确保有急救包。在这个急救包中还应该有足够的药物、饮用水和其他必需品。只有充分做好这些准备，才能应对突如其来的自然灾害。

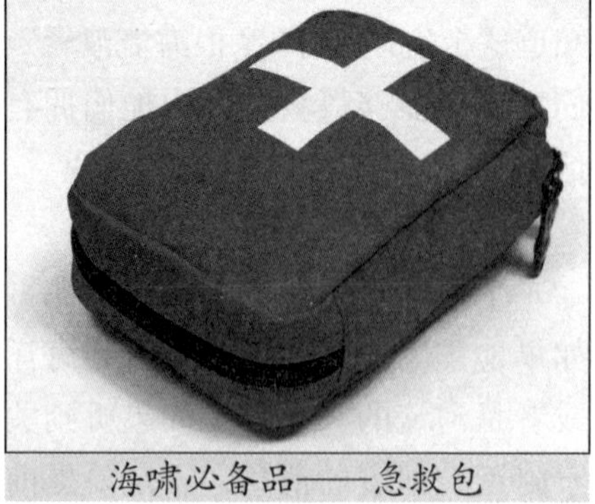

海啸必备品——急救包

海啸预警常识

海啸预防的方式多种多样，主要分为以下几个方面：

（1）借助动物来预防海啸

众所周知，任何自然灾害都会严重威胁人类的生命财产安全。然而，根据有关资料表明，在2004年印度洋海啸中没有发现一具动物尸体。具体情况是怎样的呢？斯里兰卡野生动物保护局副局长拉特纳亚克说："没有一头大象丧生，甚至没有一只野兔死亡，我想动物可以感觉到灾难即将来临，它们有第六感觉，能预知海啸发生的时间。"而印度尼西亚苏门答腊岛野生老虎保护区工作人员戴比·梅尔特则认为，由于野生动物对自然灾害天生敏感，所以才降低了损失。梅尔特说："动物的听觉极其灵敏，它们极有可能提前察觉海啸将至。另外，海啸引起的振动会导致气压变化，而气压变化又能起到预警作用，并提醒动物向安全地带迁移。"当然，关于其中的一些说法，很多专家也提出了质疑，尤其是那些关于动物拥有"第六感"的观点还是缺乏科学依据。而南非约翰内斯堡动物园的动物行为专家马修·范·利罗普说："火山爆发或地震发生前，有狗会狂叫、鸟类会迁徙等许多说法，但是没有这方面的专门研究，因为你不能在实验室或者在旷野中对此做出验证。此次印度洋海啸中发生的事例为动物有‘第六感’新的证据。”无论如何，人们可以借助动物行为变化来进行灾害预警是毋庸置疑的。

（2）根据不同的地理位置来预防

由于很多地方的地形是不同的，所以人们应根据具体的地形来确定避难场所。一般来说，如果距离海边比较近，可以以小山作为紧急避难地。在山的斜面上建造避难台阶，台阶入口处设置引导避难的标志，然后把所有的台阶用水泥固定住。如果海上地震忽然发生，人们就可以来这里避难，然后再根据具体情况想办法求救或者转移。另外，人们可以建立社区防灾中心。中心用钢筋水泥建造，设有防灾仓库、厨房和残疾人、老人护理室等。防灾仓库应该有帐篷、抽水机、发电设备、简易厕所、太空食品，可供来不及或者无力撤离的居民在这里正常生活一段时间。通常来说，设立全为钢筋混凝土建造的梯形潮堤，能够抵抗8级地震。一旦发生地震，它会短时间内关闭，对海啸起到抵制作用。总而言之，如果有海啸发生，

防灾帐篷

人们所能做的就是往高处跑，以保证人身安全。

(3) 利用电脑管理软件来预防

如今，人类已经发明出了一种名为“防灾 GIS”的地图信息管理软件，它可以对一些自然灾害频发地段进行监控。如果发生问题，灾情会形象地表现出来。随后，指挥中心就会立即启动救灾机制，进行救援。

当然，与建造防灾设施相比，更为重要的是政府的紧急应对体制和居民的防灾意识。另外，为了普及大众的防灾意识，政府要举办一定的活动，如定期印制地震防灾手册、组织参观防灾博物馆、定期避难演习等，只有这样，才能将损失降到最低。

海啸来临前的预兆

海啸前兆的具体分类如下：

(1) 地面强烈震动

地面强烈震动是地震海啸发生

的最早信号，地震波与海啸因为传播速度不同，中间会有一个时间差，这非常有利于人们采取措施提前预防。地震是海啸的“先锋队”，感觉到较强震动的时候，不要轻易靠近海边或是江河入海口。在沿海地区，如果得知附近发生了地震，一定要提前做好预防海啸的准备。海啸有时也会在地震发生几小时后到达离震源几千千米远的地方。

（2）浅海区域突然出现一道“水墙”

在海边的时候，如果看到在离海岸不远的海面，海水突然变成了白色，同时在它的前方出现一道“水墙”。这种情况的出现很有可能是因为地球的断层出现破裂，并垂直移位数米，将巨浪海水排出海床，把海浪推出数千千米，形成“水墙”。海啸形成之后，海啸波已由远海传至近海，前浪的波速会逐渐减慢，但后浪的波速仍然很快，当两股浪潮融合在一起时，海水陡然增高，就会出现几米甚至几十米高的巨浪。海啸的排浪不同于通常的涨潮，海啸的排浪非常整齐，浪头很高，像一堵墙一样，这就是人们常说的一道“水墙”。这样的排浪是海啸的专有特征，看到这样的预兆需要尽快设法逃生。

有记载的第一次引发大海啸的大地震，是发生在1960年5月22

浅海海区美景

日的智利太平洋沿岸的9.5级地震。该次地震世所罕见,不仅震级第一，破裂长度第一，而且还造成了海底地壳变形范围达到700平方千米。在智利5000千米长的海岸上，海啸造成的波浪最高达到25米，平均波浪高度也有8 ~ 9米。海啸以最快的速度横越太平洋，在地震之后22小时在日本登陆，并形成6 ~ 8米的大浪袭击了日本沿岸，使日本沿海受灾十分严重。

你知道吗

可怕的地震灾害

地震是地球内部发生的急剧破裂产生的震波，在一定范围内引起地面振动的现象。在古代又称为地动。它就像海啸、龙卷风、冰冻灾害一样，是地球上经常发生的一种自然灾害。大地震动是地震最直观、最普遍的表现。在海底或滨海地区发生的强烈地震，能引起巨大的波浪，称为海啸。地震是极其频繁的，全球每年发生地震约550万次。地震常常造成严重人员伤亡，能引起火灾、水灾、有毒气体泄漏、细菌及放射性物质扩散，还可能造成海啸、滑坡、崩塌、地裂缝等次生灾害。

2004年，发生在印度尼西亚苏门答腊西北近海的8.9级地震还让人记忆犹新，这次地震是除智利地震以外有记载的最大的地震。地震引起的海啸浪高达10米，横扫印度尼西亚、斯里兰卡、印度和泰国沿岸。地震所引起的海啸需要30分钟到达斯里兰卡，到泰国和马来西亚西海岸则需要一个小时的时间。而人们只要15分钟就能走到内陆安全地区，但是却因当地缺乏报警系统和人们对灾难异象的无知而导致惨痛悲剧的发生。

（3）海水突然出现暴涨和暴退现象

海面出现异常的海浪，即当海底发生地震时，因震波的动力而引起海水剧烈的起伏，会形成强大的波浪。而海底的突然下沉，海面上的水流也会相应地流向下沉的方向，出现快速的退潮。这种现象在距震中数百千米以内的沿海经常能够看到，一般发生在大地震后的10 ~ 20分钟。当海水出现这种异常现象时，一般距海啸的时间最短只有几分钟，最长可达几十分钟。由于海啸的能量释放是通过作用于水来传播的，一个波与另一个波之间有一段距离，这个距离，就是海啸来临前的最佳逃生时间。

海啸来袭之前，海水一般总是

海啸时巨大的波浪

突然退到离沙滩很远的地方，一段时间之后海水又重新上涨，为什么会出现这种情况呢？这主要是因为地震发生时会造成海底地壳大幅度沉降或隆起，使海水大量聚集转移而形成的。

通常情况下，出现海平面下降的现象是因为海啸冲击波的波谷先抵达海岸。波谷是波浪剖面低于静水面的部分，如果它先登陆，海面势必下降。同时，海啸冲击波不同于一般的海浪，其波长很大，所以在波谷登陆后的一段相当长的时间，波峰才能抵达。但是，这种情况如果发生在震中附近，那它的形成就另有原因了。地震发生时，海底地面出现一个大面积的抬升和下降，这时，震区附近海域的海水也会随之抬升和下降，从而形成海啸。

2004 年，印度尼西亚大海啸之

前的几天，在马来西亚的吉打，来自沿海村落的渔民打到的鱼是平日的10多倍，他们只是认为这种异常的现象是来自上帝的礼物。海水的情况也很奇怪，涨潮的时候比平时涨得高，退潮的时候也比平时退得远。海啸的最后一个预兆出现在海啸发生当天，当时大大小小颜色各异的罕见鱼类纷纷被海水抛落到海滩上，海面也开始“奇怪”地翻滚。当渔民看到岸边的海浪突然后退了100米，几分钟之后几层楼高的滔天巨浪向岸边汹涌扑过来的时候，人们才意识到灾难降临了。

（4）大量的鱼游至岸边

浅海出现大量深海鱼类。深海和浅海不同，两者之间有着巨大的环境差别，深海鱼类更适合在深海生存，绝不会自己游到浅海，出现此种反常现象，就是一个预兆，它们很可能是被海啸等异常海洋活动的巨大暗流卷到浅海的。例如，印度尼西亚地震发生前几天，出海打鱼的渔民每天打鱼的数量剧增，而且有许多平时罕见的鱼类。当地的沙滩上也出现了很多本应该生活在2000米以下深海中的鱼类。所以说，深海鱼出现在近海的异常现象，就是海啸来临前的预警，必须高度重视，及时做好充分的防御措施以减少人员伤亡。

（5）海面上冒出很多气泡，并发出“滋滋”的响声

当你在海边游玩或嬉戏时，如

正在撒网捕鱼的渔民

果突然发现海水像“开锅”一样，海面上冒出许多大大小小的气泡，这种现象是海啸将要出现的征兆。

(6) 动物出现异常行为

动物比人类敏感，在各种灾害到来之前能够比人类更早地察觉到这种危险的存在，所以种种动物的异常行为也可以给我们提供一些有效的信息，作为灾害来临前的先兆。比如，当众多的海鸟突然从你的头上惊恐飞过，你应该有所警觉，这很有可能是它们受到远海狂浪的惊吓所致，或许它们已提前感受到此海区的异常。曾有一次海啸来临前，大象惊恐，发出不同寻常的刺耳吼声，引起了人们的注意，及时采取预防措施进行逃生，从而拯救了数十位国外旅游者的生命。还有人看到几百只黑羚羊，群体狂奔上山，在山上躲过了一场海啸。

大象对海啸比较敏感

第六章
白色杀手：海冰

如果在极地或者高纬度海域航行，那么你一定会看到漂流在海洋之上的一块块大小不一的海冰。可能你会迷恋于它的光彩照人，洁白如玉，但是对于海上航行的船只来说，它们却是一个不愿看到的噩梦。或许你不会忘记电影《泰坦尼克号》中，号称“永不沉没的邮轮”便是沉没在海冰的撞击之下。如今，海冰已渐渐成为威胁人类海洋航行的幽灵杀手。

第一节 潜伏杀机的海冰

海洋上的船舶杀手

海冰是极地和高纬度海域所特有的海洋灾害。冰在地球两极地区占有统治地位。在南极，冰原每年要释放出2000立方千米的冰。冰被自身的重量所牵引，缓慢地呈舌状，或以冰川形式向海洋滑动。一旦遇到海水，冰就破裂解体，巨大的冰块就像冰的岛屿那样漂开，形成一座座冰山。南极的冰山长可达数十万米。而在北极，也存在着向海洋运动的冰川。格陵兰的冰川每年崩解出大约4万个冰山，它们的长度很少超过6000米。冰原和冰山是由史前时期以来的降雪逐渐堆积形成的。它们是地球上最大的淡水库。在发明破冰船之前，浮冰是一种不可逾越的障碍。别看那一座座冰山，千姿百态，变化多端，洁白照人，然而海冰并非总是那么可爱，当它出现在航道上时会对海上航船和生产带来巨大的危害。

洁白的海冰

众所周知，水遇冷而结冰是一种常见的自然现象，没有什么特别之处。然而，冰山或者是海冰的威力是不容小觑的，一旦其发起威力来，后果不堪设想。海冰是海水和大气共同作用的产物，其形成大致经历5个阶段：①海面气温下降，当海洋表面的水温降到0℃之后，同时海洋中又有利于形成冰的雪粒等凝结核，那么海水表面层就开始结成冰针或小冰片；②海面温度继续降低，此时已经形成的冰针或冰片就会聚集起来，最终形成覆盖海面的薄冰，而薄冰就会破裂成大小均匀的圆盘状冰饼；③海面温度进一步下降，已经形成的圆盘状冰饼互相冻接起来，最终形成有一定厚度的、面积相当大的冰盖层；④海面温度继续下降，冰层膨胀龟裂，大片冰层就形成破碎的冰块；⑤海水的运动，促使冰块叠加。此时，大冰原已经形成。如果冰原继续互相撞碰、重叠，大冰群就形成了。

人们在日常生活中，可以发现冰的破坏力是很大的。在冬天，室外放一杯水，经过低温冻结后，杯子会被冰块胀破。这就是冰的胀压力破坏的结果。据计算，海冰温度每降低1.5℃时，1000米长的海冰能膨胀出0.45米。这种胀力能挤碎或夹坏冰中的船只；不仅如此，海冰受到潮汐升降影响而引起的竖向力，也有很大的破坏作用，往往使冻结在海上的建筑物基础受损害。海冰运动所产生的推力和撞击力，具有最大的破坏性。这两种力都与海冰块的大小和漂移的速度有密切关系。测量的结果表明，一块6平

北极海冰

方千米、1.5米厚的海冰，在流速不太大的情况下，其推力可达4000吨，足以推倒石油平台等海上建筑物。1969年，中国渤海特大冰封期间，一座由15根直径为0.85米、长41米、厚2.2厘米的锰钢桩杆打入海底28米的“海二井”石油平台，竟被海上漂浮的流冰推倒，可见其推力之大。海冰的破坏力还与它自身的强度有关。海冰的强度主要取决于海冰的盐度、温度和密度。一般来讲，海冰的盐分少、温度低、冰龄长，强度就大，所以，老冰要比新冰强度大；低盐分的海冰要比高盐分的强度大；淡水冰要比海冰坚硬。

渤海特大冰封

通常，人们把漂浮海面，高度在5米以上的巨大冰块，叫作冰山。冰岛则是冰山的特殊变形，表面平坦或有缓坡，一般面积较大，最大可达600~700平方千米，厚约30~35米，露出水面高度为10~20米，因其面积大，漂移速度很慢，远远看去，犹如一座固定的岛屿。冰山、冰岛都有一种怪脾气，不喜欢抛头露面，总是把庞大的身躯藏在海里，露出水面部分才占总体积的1/6左右。当然，这也不是它自身的原因，因为海冰比海水轻，身躯庞大，比重又小，漂浮中只能藏多露少，才能稳如泰山。于是，晶莹剔透的冰山成了大海中的隐患，它是移动的暗礁、沉船的杀手。

海冰的分布

在北半球，海冰的范围受季节变化的影响，以冬季为最盛，此后便开始缩小，到夏季为最小。以北冰洋为例，冬季海冰总面积约为1000万平方千米，占整个北冰洋总面积的70%；夏季缩小为800万平方千米，约占北冰洋面积的一半。北冰洋海冰平均厚度约为3米，中央区的海冰已持续了约300万年，属永久性海冰。因而，在北纬70°以北洋区，存在永久性冰盖，几乎把北美洲与欧洲连在一起。这个冰盖并不是一成不变的，随着季节的变化而有所不同。北冰洋的边缘海，除挪威海和巴伦支海的西南部，因大西洋暖流的影响，冬季一般不结冰外，其余海区冬季都会有约1米厚的岸冰和当年冰；到夏季大部分融化，遗留下的流冰和冰块，对航行也会产生威胁，即使在盛夏时节，也需要破冰船协助开辟航道。北冰洋中部和离北美大陆不远处的洋面，夏季仍然覆盖着重冰，在这永久性冰区是无法航行的。当然，永久冰区并不是一马平川的冰原，因受风和海流的影响，冰层间相互碰撞、堆积，使冰面出现高低不平的冰沟、冰窟窿和冰丘。北冰洋虽然被冰覆盖了大部分，但还存在3个海洋环流，每年都携带一些漂浮的冰山和冰块，穿过格陵兰海进入北大西洋，或通过北极群岛海峡进入巴芬湾。据估计，每年约有1亿吨冰量进入大西洋，给海上航行和生产带来极大的危害。总的看来，北半球冰的总量只有南极海域的1/10，其中主要集中在北冰洋和格陵兰海区。

南半球的海冰主要集中在南极大陆的四周。由于南极大陆被巨大的冰体覆盖，冰面呈微凸形，中央部分冰厚有几千米。受冰盖本身巨大的压力，冰层由中心向四周缓慢

格陵兰海区的海冰风光

地运动，移速每年约 10 厘米以上。当到达边缘时，便伸向周围的大洋，形成了漂浮海面的冰架，人们把它叫作陆缘冰。陆缘冰的表面较为平坦，各处的宽度不同，在大西洋南端的威德尔海约有 2500 千米宽，在靠南太平洋海域平均宽约 1000 千米。罗斯冰架是世界上最大的浮动冰架，面积约有 50 万平方千米，相当于法国那么大；菲尔希纳冰架位于威德尔海域，面积约为罗斯冰架的 1/5。据统计，南极大陆四周沿岸约有 300 多个大小不同的冰架。它们是南半球海冰的主要来源。南大洋的海冰，除冬季大的冰山外，大都是一两米厚的大块浮冰，南纬 40° 以南的海域约被覆盖 1/3；这些冰大多是新生冰，到夏季融化掉大半。只有环绕南极边缘海区，才存在多年生的冰。

除两极的海域外，其他高纬海域都是新生的当年冰。随着海温下降而结冰，温度回升后即行消融。北太平洋的白令海、鄂霍次克海和日本海的北部，冬季都有结冰。大西洋与北冰洋相通，冬季海冰更盛，在格陵兰、戴维斯海峡和纽芬兰一带，都有海冰的踪迹；尤其格陵兰

漂浮海面的冰架

和纽芬兰附近，更是冰川最活跃的区域。中国北方海域，每年冬季也有海冰出现。

世界海冰灾害

世界上比较严重的几次海冰沉船事件，介绍如下：

1. 英国"泰坦尼克"号沉船事件

1912年4月10日，英国航海界名流和许多平民百姓聚集在东南部的南安普敦港，欢送当时世界上最豪华的客轮"泰坦尼克"号的处女航。这艘客轮拥有皇宫般的舱室，游乐设施也很完备，包括健身房、咖啡厅、壁球厅、游泳室、土耳其浴室、发廊、图书馆、舞厅、各式餐厅等等。许多达官富豪以能参加这次旅游为荣耀。这次航行的船票很早就预售一空。当客轮缓缓驶离码头时，岸上人头攒动，人们争看"泰坦尼克"号雄姿，在花团锦簇的彩带下，客轮喷吐着4根巨大的黑色烟柱，进入茫茫的大海，踏上了前往美国纽约港的航程。

"泰坦尼克"号客轮是英国白星海运公司耗费巨资建造的，船长为270米，高度相当于11层楼房，船速为26节，排水量达4.5万吨，其规模之大、豪华程度之高，堪与当代著名的"伊丽莎白女王"号客轮相媲美。"泰坦尼克"号客轮在起航后第4天，即4月13日清晨，在纽芬兰岛前方遇上薄雾。为了尽快抵达目的港，以获取公司的奖励，船长史密斯仍下令全速前进。一整天雾气不断，到了夜间雾越来越浓，能见距离只有200米，气温也急剧下降。这时，突然收到离它150海里远的一艘船发来的电报，通报了有关冰山的信息。船长对此未加重视，也未采取任何措施，船只依然保持全速前进。

午夜11时30分，驾驶员发现前方出现一个闪闪发光的东西，在时隐时现地向船只靠拢。很快，这个闪光白点越来越大。刹那间，一座光亮耀眼的冰山，急速地冲了过来。只见这个庞然大物高出海面40多米，比船上的烟囱还高出一截。船长见状，匆忙下达"停车！全速后退"的指令，但为时已晚，闪光的冰墙已贴近船头，只听一声巨响，巨大的冰山擦边而过，把船体上的16个防水舱中的6个撞坏，船头开始进水，水柱像喷泉似的涌了进来。很快船首所有房间进满了水，开动所有抽水设备也无济于事。

15日0时50分，船长和其他

高级船员检查船只被损坏情况，判断船只可能沉没。开始疏散人员，放下全部可用的救生艇，并发射了第一个求救烟火信号，在凌晨 2 时 20 分，船体终于断成两截，最后沉没在北纬 41°、西经 50°、水深 3600 米的大西洋北部，即纽芬兰南部海域。遇难人数高达 1522 人。“泰坦尼克”号客轮撞冰沉没，是当时轰动全球的一次重大海难，也是航海史上最大的惨剧之一。它为人们敲响了警钟，对海冰灾害有了新的认识，特别是冰山对航海的危害，引起了人们的高度警惕。

《泰坦尼克号》剧照

2. 日本“日东丸”渔船事件

1985 年 4 月，日本北方的宗谷海域，已经使人感到有些暖意。恰逢真鲷鱼汛，渔轮纷纷前往这一海域。4 月 21 日 8 时 20 分，船长河野香夫驾驶渔船“日东丸”号，载着 16 名船员前往宗谷海域。但是由于北海道的冰雪正在融化，宗谷海峡流量增大，大批鱼群都到鄂霍次克海去了。于是船长下令“日东丸”号全速驶向鄂霍次克海。果然有好多真鲷鱼！几网上来，甲板上就堆起小山似的真鲷鱼堆，船员们沉醉在丰收的喜悦之中。此时危险也正在向他们逐渐逼近。海面上五六块脸盆大小的浮冰漂过来，而且越来越多。但是这并没有引起处在喜悦之中的船长的警惕。

4 月 23 日凌晨 1 时 58 分，“日东丸”号船突然像被什么撞了一下。立刻有人大喊：“船舱进水了！”冰冷的海水从左舱涌入船舱，只见渔船向左倾斜。船长急忙按动压舱水柜开关，启动水泵向右舷压水，力图恢复船体平衡。但为时已晚，“日东丸”号船迅速沉没，船长和 16 名船员全部落水。“日东丸”号船从遇险至沉船仅 2 分钟。除 5 人爬上救生筏外，船长和其余 11 名船员全部丧生。然而，灾难远没有结束，厄运继续伴随着这 5 名暂时的幸存者。由于海面被大雾笼罩，发射出去的求救信号很难被远处的船只看到。寒冷侵袭着他们，当晚就有一人抵挡不住寒冷而死亡。余下的 4 人在巨大的悲哀和恐惧中靠救生筏上的淡水和食品苦苦地支撑着。到了第8天，他们发现粮食快吃完了，这又是一个巨大的打击，死亡在一步步逼近。他们又艰难地熬过了一天。

4月30日早上，又有一个同伴死去了。面对着两具同伴的尸体，余下的3人沉默不语，死亡的恐惧，使他们不寒而栗。

到了5月3日，已经断粮1天的他们饥寒交迫，只能靠捕食海鸥维持生命。救生筏随着风向在海上漂浮。

5月9日中午，他们意外地发现救生筏被吹到了一座岛屿旁。3个人艰难地操起桨，做求生的最后拼搏。下午3时，他们终于登上陆地，3名幸存者挣扎着爬出救生筏，便相继昏倒在地。半小时后，3个人又相继苏醒过来，他们互相搀扶着，步履蹒跚地向远处的农舍走去。至此，在海上漂流了17天的3名幸存者终于脱险了。

船舶必备品——充气式救生筏

3. 神秘莫测的威德尔海沉船事件

威德尔海是南极的边缘海，南大西洋的一部分。它位于南极半岛与科茨地之间，最南端达南纬83°，北达南纬70°~77°，宽度在550千米以上。它因1823年英国探险家威德尔首先到达此地而得名。威德尔海的魔力首先在于流冰的巨大威力。南极的夏天，在威德尔海北部，经常有大片大片的流冰群。这些流冰群像一座白色的城墙，首尾相接，连成一片，有时中间还漂浮着几座冰山。有的冰山高一两百米，方圆两三百平方千米，就像一个大冰原。这些流冰和冰山相互撞击、挤压，发出一阵阵惊天动地的隆隆响声，使人心惊胆战。船只在流冰群的缝隙中航行异常危险，说不定什么时候就会被流冰撞坏或者驶入“死胡同”，使航船永远留在这南极的冰海之中。

1914年，英国的探险船“英迪兰斯”号就被威德尔海的流冰所吞噬。在威德尔海的冰海中航行，风向对船只的安全至关重要。在刮南风时，流冰群向北散开，这时在流冰群之中就会出现一道道缝隙，船只就可以在缝隙中航行。如果一刮北风，流冰就会挤到一起，把船只包围。这时船只即使不会被流冰撞沉，也无法离开这茫茫的冰海，至少要在威德尔海的大冰原中等上1年，直至第二年夏季到来时，才可能冲出威德尔海而脱险。但是这种可能性是极小的，绝大多数陷入困境的船只难以离开威德尔这个魔海，它们将永远“长眠”在南极的冰海之中。

绚丽多姿的极光和变化莫测的海市蜃楼，是威德尔海的又一魔力。船只在威德尔海中航行，就像在梦幻的世界里漂游。它那瞬息万变的自然奇观，既使人感到神秘莫测，又令人魂惊胆丧。有时船只正在流冰缝隙中航行，突然流冰群周围出现陡峭的冰壁，好像船只被冰壁所围，挡住了去路，似乎陷入了绝境，使人惊慌失措。霎时，这冰壁又消失得无影无踪，使船只转危为安。有时，船只明明在水中航行，突然间好像开到冰山顶上，顿时把船员们一个个吓得魂飞九霄。还有，当晚霞映红海面的时候，眼前常出现金色的冰山，倒映在海面上，好像向船只砸来，给人带来一场虚惊。在威德尔海航行，大自然不时向人们显示它的魔力，戏弄着人们，使人始终处在惊恐不安之中。正是大自然演出的这一场场闹剧，不知将多少船只引入歧途。有的船只竟为避开虚幻的冰山而与真正的冰山相撞，有的受幻景迷惑而进入流冰包围的绝境之中。

绚丽多姿的极光

4. 中国海冰事件

中国海冰虽不严重，但特殊天气下也会形成严重的冰封。

1917年1月，胶州湾海面90%被冰封冻，大港入口处冰厚达1米，坚冰把日本货船“西京丸”拒之港外，使其进退两难，只有望冰兴叹。

1936年1月，风雪隆冬，莱州湾西岸出现了海岸与海冰冻结在一起的固定冰，宽30多千米，胶州湾东部冰封，湾内浮冰四处漂动，大、小港全被冰封闭，许多船只不能进港。据资料记载，小港冰上可以跑马车，平添一道特殊风景线。

1947年，辽东湾遭受冰灾，在滦河口以北海区，发现高10米、长200米、宽70米的“冰山”。

你知道吗

百年不遇的1957年冰灾

1957年是我国冰灾较严重的一年，特别是胶州湾尤为突出，小港冰厚达15～20厘米，最厚30厘米。中港完全被冰封冻，船只无法进出。大港6号码头完全被厚达10～20厘米的冰封住，运输中断。沧口湾以北及红岛沿岸冰厚10厘米，重叠冰厚40～80厘米，连栈桥附近海面也结了300～500米宽的薄冰，确属多年不遇。这次冰灾，对港口造成很大破坏，大港航道上多座浮标被流冰割断，铁链随之漂走，有的被流冰挟持移位、搁浅。沿岸渔民养殖的约2.7公顷海带，因缆绳被流冰割断而损失大半。

1969年，渤海出现了有记载以来的特大冰情。整个渤海海面几乎全被浮冰覆盖，影响范围直达渤海海峡，冰厚一般为20~40厘米，最厚达80厘米，最大冰块达70平方千米，由于风和海流的作用，使冰块互相挤压，在海面上堆立起来，高达2米，近岸最高达9米，足有3层楼高。黄海北部结冰范围达到了30米海水等深线附近，使海上建筑物遭到惨重破坏。同时对海上交通运输造成极大影响，从2月5日到3月6日，一个月时间内，进出天津塘沽港的123艘货轮中，全部受到波及，其中有7艘船被流冰推置搁浅，58艘轮船被浮冰挟住寸步难行，有5艘万吨货轮的螺旋桨被冰块撞坏。有的不能航行，随风漂移；有的受到海冰挤压，船体变形，船舱进水；有的推进器被海冰推倒，航道灯标全部被海冰挟走，去向不明。“海一井”平台支座的拉盘全部被海冰割断。“海二井”生活设备和钻井平台均被海冰推倒，损失惨重。同处渤海湾的龙口港、秦皇

被浮冰覆盖的海面

岛港、营口港，在航运、军事设施、海上工程、海水养殖等方面，均遭受巨大损失。

大千世界的奇妙在于万物均不绝对，海冰亦如此，在给人类带来灾害的同时，自有它的有用之处。海冰能大量反射太阳辐射，如南极大面积冰层，将85%以上太阳辐射热反射到宇宙中去，阻碍海气热量交换，因此，海冰的生消与数量多少直接影响当地海况与气候，控制着地球上的燥湿炎凉。

在巨大的冰山上可安装无线电装置，利用人造卫星对全球海冰进行科学考察。冰山、冰岛上还能建立考察站，如苏联从1937~1987年先后在北冰洋建立了30个浮冰漂流站，美国从1951~1965年先后建立了10个北极浮冰漂流站。其中漂流时间最长达1442天，漂移距离最远达8650千米。冰山蕴藏的淡水是不可多得的财富，为干旱地区提供饮用水，乃至改造浩瀚的沙漠，恐怕非它莫属。海冰还是一座昔日地球的信息库，是一部巨大的百科全书。海洋云峰消消长长，精灵万物生生灭灭，气候变化冷冷暖暖，都记录在册，甚至连海冰空隙中的气泡，也储存着不同时期空气样品以及大陆火山、海洋、沙漠、森林等漂来的微粒。雪锁冰封，保持着原始的亘古蛮荒状态，记载着地球演变发展的蛛丝马迹，理所当然地成为地球变迁、万物诞生、人类繁衍的权威见证。

第二节　海冰的发源地

到处行走的冰川

冰川又叫作冰河，是一种由大量冰块堆积形成的有如河川般的地理景观。在终年冰封的高山或两极地区，多年的积雪由于受到重力或冰河之间的压力的影响，沿斜坡向下滑形成冰川。受重力作用而移动的冰河称为山岳冰河或谷冰河，而受冰河之间的压力作用而移动的则称为大陆冰河或冰帽。两极地区的冰川又叫大陆冰川，覆盖范围较广，是冰河时期遗留下来的。冰川是地球上最大的淡水资源，也是地球上继海洋以后最大的天然水库。地球上的七大洲都有冰川。

地球上南极和北极极为严寒，是形成冰川的理想之地。在其他地区，只有高海拔的山上才能形成冰川。我们知道，越往高处温度越低，当海拔超过一定高度，温度就会降到0℃以下，降落的固态降水才能常年存在。冰川学家把这一海拔高度称为雪线。

格陵兰岛上的冰川是发育在一片大陆上的，所以可以称为大陆冰川。而在其他地区冰川只能发育在高山上，人们将这种冰川称为山岳冰川。在高山上，冰川的形成，除

极地冰川

了要求有一定的海拔外，还要求高山不能太过陡峭。若是山峰太过陡峭，降落的雪就会顺坡而下，不能形成积雪。雪花一落到地上就会随着外界条件和时间的变化而变化。经过一个消融季节，未融化的雪会变成圆球状雪，完全丧失晶体特征，这叫作粒雪。新雪的水分子从雪片的尖端和边缘向凹处迁移，使晶体变圆，这叫作粒雪化。在粒雪化的过程中，雪逐步密实，经融化、再冻结、碰撞、压实，使晶体合并、数量减少而体积增大，冰晶间的孔隙减少，呈颈状连接，这叫作密实化。积雪变成粒雪后，随着时间的推移，粒雪的硬度与它们之间的紧密度不断增加，大大小小的粒雪相互挤压，紧密地团在一起，互相之间的孔隙不断缩小，最后消失。雪层的亮度和透明度逐渐减弱，一些空气也被封闭在里面，便形成了冰川冰。粒雪化和密实化过程在接近融点的温度下比较快；在负低温的情况下相对缓慢。冰川冰最初形成时呈乳白色，经过岁月累积，冰川冰变得更加密实且坚硬，气泡也逐渐减少，变成为晶莹透彻、带有蓝色的水晶的老冰川冰。

格陵兰岛上的冰川

冰川冰在重力作用下，沿着山坡缓慢向下流。在流动的过程中，逐渐凝固，最后形成冰川。当粒雪密度达到 0.5~0.6 克 / 立方厘米时，粒雪化速度就会很缓慢。在自重的作用下，粒雪进一步密实或由融水渗浸再冻结，晶粒改变其大小和形态，定向增长。当其密度达到 0.84 克 / 立方厘米时，晶粒间失去透气性和透水性，便成为冰川冰。

冰川按照规模和形态分为大陆冰盖和山岳冰川两种。前者主要分布在南极和格陵兰岛；后者主要分布在地球的高纬和中纬山地区，类型多样，包括悬冰川、冰斗冰川、山谷冰川、平顶冰川。据统计，全世界冰川面积总共达 1500 多万平方千米，其中南极和格陵兰的大陆冰盖就占去 1465 万平方千米。面积在 1400 万平方千米以上的南极洲，几乎全部都被一个平均接近 1980 米厚的冰川覆盖，其东部冰层厚度更达 4267 米。格陵兰冰盖覆盖的面积在 180 万平方千米以上，最大厚度为 3350 米。较小的大陆冰盖常叫做冰帽或冰原。地球上有南极冰盖

南极风光

和格陵兰冰盖两大冰盖，占世界冰川总体积的99%，其中南极冰盖占90%，格陵兰约有83%的面积为冰川覆盖。所以，山岳冰川与大陆冰盖的规模极为悬殊。

在巨大的大陆冰盖上，辽阔无边的冰流把高山、深谷掩盖起来，只有极少数高峰在冰面上冒了一个尖，漫无边际的南极冰盖，一直是个谜，深厚的冰层将南极大陆的真面目掩盖起来。科学家们经过精心的物理勘探发现，茫茫南极冰盖下面存在很多小湖泊，并且这些湖泊里还有生命。

你知道吗

最厚的南极冰盖

南极冰盖是地球表面最大的大陆冰川。最厚的冰盖位于东南极洲的澳大利亚凯西站以东510千米处。远看南极冰盖，由于积雪冻结得非常结实，看到的是一片光滑平坦的冰原。但事实上，冰盖的表面并不光滑，而是凹凸不平的。

在南极和北极地区，无论是陆地，还是岛屿上都有无边的冰盖覆盖，放眼望去幽静而深远，仿佛永远静止不动。事实上，冰雪自身的重量，使得陆地上冰盖不断向海岸方向移动，这种移动缓慢而又不可阻挡，随后便形成了冰川，其实是冰雪的河流。

冰河移动速度非常缓慢，但却永不停止。每天平均不到几厘米，快的时候也没有数米，所以肉眼是发觉不到冰川的运动的。格陵兰的某些冰川，运动速度相对较快，但每年也不过运动1000多米而已。其他地区的冰川，如较为著名的阿尔卑斯山的冰川，年流速在80~150米。中国冰川以大陆性冰川为主，冰川上物质循环比较缓慢，使得冰川运动速度也比较低。

冰川运动速度有季节之分，夏季快而冬季慢。中国的天山和祁连山的冰川，夏季运动速度通常要比冬季快一半。之所以出现这种差别，与冰川温度的变化有密切关系。当冰川增温时，冰的黏度迅速减小，从 –20℃增高到 –1℃，冰的黏度随温度的下降而下降。黏度的减小使塑性增加，所以冰川运动速度不断

祁连山的冰川

加快。夏天冰融水出现在冰川内部及底部，是促进冰川快速运动的另一个原因。

总体来说，冰川运动速度是非常缓慢的。然而，有的冰川却很奇怪，它们会在长时间缓慢运动或退缩之后，突然爆发式地向前推进。

南极大陆上的冰川，中部高四周低，呈盾型，所以人们称它盾型冰川。在重力作用下，每年约有 1.4 万亿吨的冰滑入海中，在周围的海面上形成广阔的陆缘冰（发源于大陆上的冰块），其总面积达 150 万平方千米。其中，罗斯陆缘冰的范围就达到了 53 万平方千米，比两个英国的面积还要大。陆缘冰断裂后形成很多漂浮的冰山。统计显示，南极附近海面上的冰山，约有 21.8 万座，相当于北冰洋冰山的 5 倍，其中最大的冰山长 335 千米、宽 97 千米，水面以上高度为 130 米，有如冰岛一般。这些冰山随风和洋流向北漂移，若是在寒冷的季节甚至能够漂到南纬 40°。

北极圈内的格陵兰岛内陆上冰盖的年平均移动速度只有几米，而在沿海则可达 100~200 米。至于那些巨大的冰川，运动速度则大大加快了。数十亿至数百亿吨的冰雪在冰川运行的山谷或低地中静静地推挤、摩擦，它们慢慢地，但却勇往直前地向大海“流”去，最后震天动地般崩塌入海中。在风和海流的作用下，浮冰可以叠积并形成巨大的浮冰山。有的冰山长数万米，像一片白色的陆地漂浮在暗灰的海面上，相当壮观。北冰洋形成的浮冰山与来自格陵兰岛屿的冰川及冰架形成的冰山，一起随海流进入大西洋或阿拉斯加外海，有的冰山也可向南漂移到北纬 40° 。南、北极海域由于冰山众多，成了人们到南、北极地考察和探险需要闯过的第一道难关，严重威胁着人们的航海，甚至有可能造成航海悲剧。

漂浮的冰山

冰雪大世界

一说起南、北极，人们最先想到的可能就是寒冷。实际上，地球的南北两端的确很冷。那么，其中的原因如何？科学的解释是这样的：地球绕太阳的轨道在以每年一周的速度公转的同时，还绕其自身的转动轴每 24 小时旋转一周，宛如一个陀螺。转动轴与地面的交点，便是地球上的两个极点。陀螺具有特殊性质，它一旦转动起来，其转动轴的方向就会保持不变；只要能量充足，它将绕着同一个方向永远旋转下去。由此可知，地球总是以赤道地区对着太阳，其转动轴的方向永远指着北极星的方向。这样一来，照射到两极地区的阳光，都是斜射的。阳光斜射地球的表面积要大于直射时的表面积，这时地表单位面积所能接收的太阳辐射能量，就会大大小于直射时的情况。这就是为什么中午太阳比早晨和傍晚暖和一些的原因，也是两极比较寒冷的根本原因。

此外，阳光到达地球后，它所携带的巨大能量被地球表面吸收。但是地球表面吸收阳光携带热量的能力是不同的，海洋吸收的热量最多，陆地次之。而在两极地区，由于终年为皑皑的冰雪所覆盖，冰雪好像一面巨大的镜子，把阳光携带来的绝大部分能量都反射回了太空，结果使得两极地区温度更加低于其他地区。经过天长日久，便形成了地球上南北极的“冰天雪地”。

南极企鹅

被冰雪覆盖的南极和北极，气候极其恶劣，因此只在北极地区有少量的爱斯基摩人居住。然而，这样的环境却成为某些耐寒动物和植物的乐园。在北极地区还有世界上面积最小的大洋——北冰洋。北冰洋的洋面上冻结成冰的海水称为海冰。北冰洋面海冰的平均厚度为 3 米，冬季覆盖海洋总面积的 73%，约有 1000 万平方千米；夏季气温回升，海冰覆盖面便大大收缩，约占北冰洋面的 53%，也就是 750 万 ~ 800 万平方千米。中央海冰在四季极端寒冷，已经连续存在了300万年，是“永久性”海冰。

在南极洲，它的陆地面积，包括附近的岛屿在内，共有1400多万平方千米，比欧洲或大洋洲的面积还要大。这里是地球上最大的“冰雪大陆”，到处都覆盖着深厚的冰雪，白茫茫的冰原覆盖着超过95%的南极洲，冰层的平均厚度有1900米，最厚的地方达4200米。整个南极大陆，冰的体积有2400多万立方千米，占全球总冰量的89%、总淡水量的70%。冰盖的体积，几乎等同于大西洋的海水容积。想象一下，如果有一天南极冰块全部溶化，那将会是一种什么情形？如果真的发生的话，全世界洋面将要上升70米，全世界大多数平原及全部的海港码头乃至滨海城市等，都将被海水淹没。当然，这种可怕的情形出现的概率是很小的。

现在我们已经知道，南极的冰

被冰雪覆盖的南极

明显比北极多得多。同是地球的两极，纬度高低相同，太阳照射的时间长短和角度也一样，为什么南极会有如此多的冰雪呢？我们知道北极地区的北冰洋面积约为1310万平方千米，占去了很大的面积。水的比热容大，能够吸收并贮存较多的热量再慢慢地发散出来，所以冰比南极少，冰川的总体积只及南极的1/10，而且大部分冰积存在格陵兰岛上。而南极洲号称世界“第七大陆”，陆地储热能力不及海洋，夏季获得的有限热量，很快就辐射掉了，而且南极所环绕的海流，尽属寒流，使气候更加酷寒，所以冰多。巨厚的冰层使南极洲的平均海拔达到2600米，而有着巨大的高原和高耸山脉的亚洲的平均海拔高度也只及它的1/3，比地球上其他六大洲的平均高度要高出大约1500米。

由于南极地势高，空气稀薄且不保暖，因而每年虽有几个月是太阳终日照射的白昼，但太阳只是在地平线上盘旋，太阳光斜射，巨大的冰原，像镜子一样，几乎将全部入射光反射出去。因而，所获的热量极少，气温并没有升高，造成终年酷寒。同是最冷月，南极平均气温为−70℃～−20℃，北极为−40℃～20℃；同是最暖月，南极平均气温也在0℃以下，而北极则在8℃以下。1967年，挪威科学考察队在南极点附近记录到-94.5℃的气温，这是迄今地球上的最低气温记录。

由于气候酷寒，南极的降水只能是以冰霰的形式降落下来，而且终年不化。年平均降水量不过55毫米，但由于气温低，蒸发弱，逐年积累，终于形成了巨大的冰原。南极由于冰储量最多而成为地球上最大的天然冰库,从而获得“冰雪王国”的美称。

世界著名的冰山

世界上比较著名的冰山有以下几个：

1. 世界上最大的冰山:“B-15A”冰山

“B-15A”冰山是南极地区海域中最大的冰山，也是目前世界上最大的冰山。“B-15A”长115千米，面积为2500平方千米，面积大约相当于一个卢森堡。科学家曾预测，如果“B-15A”全部融化，提供的淡水足以供英国使用60年。

目前，“B-15A”冰山正漂浮于南极麦克默多海峡之中。麦克默多海峡是位于南极洲岸外的海峡，罗斯岛以西，维多利亚地以东。为罗斯海向西延伸部分。

其实，“B-15A”以前并不是世界上最大的冰山，它不过是“B-15”冰山的“大儿子”。2003年11月，面积为1.1655万平方千米的“B-15”冰山一分为二，随后又再次分裂。“B-15A”继承了“B-15”绝大部分的“遗产”，也就成了世界上最大的冰山。

B-15A冰山航拍图

2005年，“B-15A”冰山从南极罗斯冰架之上分离出来，巨大的冰山一分为三。在冰山原来的位置上出现了3座新的冰山。

罗斯冰架是一个巨大的三角形冰筏，几乎塞满了南极洲海岸的一个海湾。它宽约800千米，向内陆方向深入约970千米，是最大的浮冰，其面积和法国相当。一部分海岸线是一条连续不断的悬崖线，在其他地方则是有海湾和岬角。冰的厚度在185~760米之间变化。

罗斯冰架是英国船长詹姆斯·克拉克·罗斯爵士于1840年在一次定位南磁极的考察活动中发现的。他们在坚冰寻觅途中，来到外海时便碰见一座直立的、高出海面50~60米的冰崖。该冰崖挡住了他们的去路。1911年，挪威和英国两个国家的探险队竞赛最先到达南极，罗斯冰架是此举的起点。罗尔德·阿蒙森率队从鲸湾出发，而罗伯特·法尔孔·斯科特则从罗斯岛出发。冰架在罗斯岛与大陆连接，离南极约100千米远。结果阿蒙森获胜，他比斯科特先一个月到达南极。

罗斯冰架像一艘锚泊很松的筏子，正以每天1.5~3米的速度被推到海里，部分原因是由于冰川从陆地流出之故。大块的冰从冰架脱离，形成冰山后浮出。2002年5月13日，又有一座巨大的冰山发生断裂，从南极洲罗斯冰架脱落，使南极洲冰雪大陆面积缩小到了1911年所勘探出的水平。

经长期负责观测"B–15A"冰山的科学家介绍，罗斯冰架解体后已经改变了南极地区的地形地貌，随后还将对南极的气候变化产生影响。据了解，解体崩裂而形成的3座新冰山的体积仍然相当庞大，其中体型最大的一座长度达75千米。

罗斯冰架

因为现在南极地区各国的科考船只都难以顺利到达"B–15A"冰山所在的罗斯海，所以科学家们目前还不能预测出新冰山的运动趋势。2002年，科学家们就开始对"B–15A"冰山在南极海域的漂移情况进行持续观测。在观测期间，"B–15A"冰山一度因漂移而堵塞了麦克莫多海峡，影响了对南极地区气候起重要调节作用的洋流和极地海风，从而使南极整个气候的变迁都发生了变化。除此之外，欧洲航天局环境观测卫星还曾拍摄到"B–15A"冰山与德雷加利斯基岛发生碰撞的照片。那次撞击虽然导致德雷加利斯基岛上一块5000米长的冰面碎裂，但是"B–15A"冰山本身并没有受到严重损坏。

受"B–15A"冰山影响，美国麦克莫多南极考察站的补给线受阻，运送补给的破冰船需要在冰层覆盖的洋面上多开辟60千米的水道。而南极阿德雷企鹅的捕食路线也被封锁，导致幼企鹅死亡。

美国南极考察站

2. 活泼好动的冰体：松岛冰川

松岛冰川面积很大，冰层相当薄，并且状态不稳定，是目前全球范围内导致海平面升降的最重要因素之一。南极松岛冰川每十年都会发生一次自然冰裂，但这与全球变暖并没有什么关系。

1940 年，松岛冰川发生较大的冰裂。

2001 年，松岛冰川再次发生冰裂现象。有科学家曾预测，松岛冰川会再次出现大规模冰裂。

2007 年，据英国科学家收集到的证据显示，松岛冰川正在变薄，并且若是继续照此速度发展下去的话，在不到 600 年的时间里，这一冰川将会漂浮在海面上。假如南极洲西部冰层发生融化，它所含有的水足以使全球的海平面上升约 5 米。

2011 年 10 月，美国航天局的空中观测小组在松岛冰川发现了一条长约 29 千米、最宽处约 500 米、深达 50~60 米的巨大裂缝。这是自 1940 年以来，在该冰川观测到的最大规模冰裂现象。这次冰裂最终可能导致松岛冰川分离出面积约 880 平方千米的冰山。大致相当于半个北京城或一个纽约市区或柏林市大小。

松岛冰川

尽管南极与人类的栖息地相距甚远,但它维持着人类生命的平衡。海平面的升高是由于地面上冰的融化，而升高的海平面对海岸的侵蚀加剧，潮水泛滥不止。近年来，海平面升高的最大因素之一就是南极的松岛冰川，它每年退缩 100 米，对全球海平面上升的影响占全部影响因素的 7‰。那么，为什么松岛冰川融化得这么快呢?

松岛冰川从南极的哈德逊山脉流出浮在海面上。科学家认为冰川退缩是因为冰川下的海水温度变高，增加了基层的融化。这种观点的证据是美国地球资源探测卫星在2001年1月13日拍摄的一张卫星图片。从图上可以看到，海冰和漂浮着的冰川紧靠着，只有在冰川前边的三处地方例外，这种没有冰的区域称作冰穴。每当海冰出现时，冰穴惯常在这三个地方发生，这是因为冰穴最可能出现在暖流上升到海面的地方。

南极海域

海水在南极的部分可分为三层，最深的一层冷而稠，最上面的一层也很冷，而在600~1200米深的中间层却相对温暖一些。在这个地方的大陆架约600米深，当从外面来的暖流碰上大陆架，就会沿大陆架向上升到冰川下面。这些冰穴证明，有三处暖流从冰川下的凹陷处升上来导致海冰融化了。有可能暖流一向在这几个地方冒出，但在没有海冰的年份里，并不能看到冰穴，因此不能仅从图片上确认这一点。

据科学家的猜测，导致松岛冰川快速融化的原因是暖流，但是他们无法解释究竟暖流是如何在冰川下的凹陷处活动的，或者说融化是怎样发生的。回答这些问题的关键是，科学家需要了解冰川下的凹陷是什么形状，以及水在其中是如何运动的。为了解决这些问题，科学家们进行了大量的实地考察工作，最终找到了答案。原来，在松岛冰川舌下有一条很深的隧道，暖流正是通过它涌出来的。

科学家分析指出，受地球引力影响，部分南极冰层沿哈得孙山脉向西逐渐沉入阿蒙森海。滑入海平面以下的冰层，随后被海底陆基阻挡，而地球引力造成的持续推力必然会导致冰层出现裂缝，并导致冰山分离。

第七章
其他海洋灾害

我们已经了解了海啸的威力、台风的暴虐、海冰的杀机、海雾的神秘，这些海上灾难无时无刻不威胁着人类的生命安全。虽然还有些海洋灾害不会直接地威胁到人类的生命安全，如赤潮、海平面上升、海蚀等，但是它们却对人类的生存环境形成了巨大的破坏力，间接地威胁着人类的生存，甚至比台风、海啸还要严重几分，所以我们必须加以重视。

第一节 红色幽灵：赤潮

赤潮的含义

赤潮是一种有害的生态现象，是在特定的环境条件下，海水中某些浮游植物、原生动物或细菌爆发性增殖或高度聚集而引起水体变色而成。其实，赤潮是一个历史沿用名，它并不表示一定都是红色。由于赤潮发生的原因、种类和数量有所不同，所以水体会呈现不同的颜色，如红色、砖

赤潮

红色、绿色、黄色、棕色等。这里需要指出的是，某些赤潮生物引起赤潮有时并不引起海水颜色的变化。

一般来说，赤潮可分为有毒赤潮与无毒赤潮两类。有毒赤潮是指赤潮生物体内含有某种毒素或以能分泌出毒素的生物为主形成的赤潮。一旦有毒赤潮形成，可对赤潮区的生态系统、海洋渔业、海洋环境以及人体健康造成很大的危害。无毒赤潮是指赤潮生物体内不含毒素，或以不分泌毒素的生物为主形成的赤潮。无毒赤潮对海洋生态、海洋环境、海洋渔业也会有危害，但不会产生毒害作用。

你知道吗

世界各地产于赤潮的早期记载

人类对赤潮早就有相关记载，如《旧约·出埃及记》中关于赤潮的描述："河里的水，都变作血，河也腥臭了，埃及人就不能喝这里的水了。"在日本，早在藤原时代和镰仓时代就有赤潮方面的记载。1831~1836年，达尔文在《贝格尔航海记录》中记载了在巴西和智利近海面发生的束毛藻属引发的赤潮事件。据载，中国早在2000多年前就发现赤潮现象，一些古书文献或文艺作品里已有一些有关赤潮方面的记载。此外，清代的蒲松龄在《聊斋志异》中就形象地记载了与赤潮有关的发光现象。

如果从赤潮发生的地理特征方面来说，可分为外海型赤潮和近岸、河口、内湾型赤潮。外海型赤潮是指在外海或洋区出现的赤潮。近岸、河口、内湾型赤潮分别是指发生在近岸区、河口区或内湾区等水域的赤潮。在我国，赤潮以近岸、河口、内湾型赤潮为主，如辽东湾、大连湾、胶州湾、杭州湾、深圳湾及黄河口、长江口、珠江口、厦门港等海域发生的赤潮。

赤潮的成因

发生赤潮的原因多种多样，但归结起来，主要包括以下几个方面：

1. 海水富营养化

赤潮发生的物质基础和首要条件是海水富营养化。随着城市化进程的加快，大量的工业废水和生活污水排放到海洋中，使得水中有大量的营养物质富集，最终导致了海域富营养化。当这种情况发生的时候，水域中的营养盐类、微量元素以及有机化合物的含量都会大大增加，为赤潮生物的大量繁殖提供了条件。通过对赤潮进行检测，我们可以得知：赤潮发生海域的水体都受到了严重污染，富营养化。各种营养盐物质都大大超标。通过研究发现，工业废水中含有的某些金属可以对赤潮生物的增殖产生刺激作用。另外，赤潮生物急剧增殖还得益于一些有机物质。

由于温度变化引起的赤潮

2. 水文气象和海水理化因子的变化

当然，赤潮的发生与水文气象和海水理化因子的变化也有着非常密切的关系。赤潮发生的重要环境因子就是海水的温度。通过研究发现，赤潮发生的最为适合的温度范围是20℃～30℃。在科学家看来，如果在短时间内水温有了很大提高，这预示着赤潮即将发生。而海水的化学因子因盐度变化也会对赤潮生物繁殖起到推动作用。一般来说，当水的盐度在26‰～37‰的范围内，赤潮都有发生的可能，如果海水盐度在15‰～21.6‰的时候，温跃层和盐跃层就非常容易形成。这两个层的存在都为赤潮生物的聚集和繁殖提供了便利条件，使得赤潮发生成为可能。另外，由于径流、涌升流、水团或海流的共同作用，海底层营养盐就会上升到水上层，最终导致海水富营养化。一旦出现营养盐类含量急剧上升的情况，硅藻就会大量繁殖，而硅藻的密集正是赤潮发生的重要条件。由于这些硅藻类为夜光藻等提供了丰富的饵料，所以使得夜光藻急剧增殖成为可能。据监测资料表明，赤潮多发地区的特点多为干旱少雨，天气闷热，水温偏高，风力较弱，潮流缓慢等。

3. 海水养殖的自身污染

赤潮的发生与海水养殖的自身污染也有着密切的关系。随着海水养殖业的不断发展，特别是虾养殖业的不断繁荣，海洋的污染问题也越来越严重。在对虾进行人工养殖的时候，人们习惯投喂大量配合饲料和鲜活饵料。因为受养殖技术条件的限制，人工投放的饵料往往是供过于求，最终使其在池内残存，使养殖水质遭到严

海水养殖

重污染。同时，由于虾池每天需要排换水，而这些污水必然排入海洋中，所以带有大量残饵、粪便的海水中含有氨氮、尿素、尿酸及其他形式的含氮化合物，加快了海水的富营养化。而当赤潮生物生活在比较舒适的环境中时，它们也会加快繁殖速度，如果又处于高温环境下，发生赤潮是必然的。

赤潮的危害

赤潮一般可分为有毒赤潮与无毒赤潮两类。有毒赤潮是指赤潮生物体内含有某种毒素或以能分泌出毒素的生物为主形成的赤潮。赤潮一旦形成，可对海洋生态环境、对渔业、对海洋旅游业、对人类健康产生不同程度的危害。

1. 对海洋生态环境的危害

海洋是一种生物与环境、生物与生物之间相互依存、相互制约的复杂生态系统。在海洋生态系统中的物质循环、能量流动都是处于相对稳定、动态平衡状态的。

浮游植物异常的爆发性增殖或聚集是引起赤潮的最主要原因，因此，在海洋生态系统的生产环节中生物与环境的关系值得科学家们仔细研究。

赤潮藻

在赤潮发生初期，由于植物的光合作用，水体中的叶绿素 a、溶解氧、化学耗氧量会大幅偏高，同时会大量消耗水体中的二氧化碳，破坏海域水体的二氧化碳的平衡，导致海水酸碱度会发生较大改变，海水的 pH 值会升高。这种环境因素的变化，改变了适合海洋生物生存的环境条件，致使一些海洋生物无法正常的生长、发育和繁殖，导致一些生物逃避甚至死亡，必然会使生物种群结构破坏，打破原有的生态平衡。

如果形成的赤潮是有毒赤潮，那么，动物在摄食了这些赤潮生物后就会对自身的生命造成严重威胁；有些有毒赤潮藻产生的毒素能够经由海洋食物链传递到较高营养级，导致高营养级海洋生物中毒和死亡，如石房蛤毒素、短裸甲藻毒素、软骨藻酸等都曾造成海洋哺乳类或鸟类中毒事件。

许多赤潮藻是以群体生活的，大量赤潮藻类漂浮在海面上，在赤潮藻种达到一定密度之后，会降低光线透过率，影响海底植物的光合作用，同时也会影响海洋动物的呼吸作用，导致水下生物大量死亡。有些种类还会向体外分泌黏液状物质，使水体变得黏稠，会堵塞某些动物的鳃瓣，使其呼吸和觅食功能受到损坏，导致窒息死亡。

综上所述，赤潮对海洋生态系统的破坏是非常严重的，尤其是在我国少数封闭性较强的内湾，一旦出现赤潮，一环扣一环的正常生态系统要想得到维持是不可能的，原有结构和功能必将受到破坏，可能出现的是一个从水体的富营养化发展到赤潮，又从赤潮生物的死亡分解将营养盐释放给水体的恶性循环。

2. 对渔业的危害

最引人关注的方面是赤潮对渔业的危害，赤潮能使内湾养殖业的养殖对象全军覆没，外海捕捞业也可能因赤潮而导致一无所获。当然，并不是每次赤潮都能带来如此大的危害，但赤潮每年都会造成或多或少的经济损失。

以下为近几年赤潮对我国渔业比较严重的危害事件。

2010~2012 年虽然发生过多次赤潮灾害，但是造成的灾害都比较小，所以下面我们主要介绍 2009 年以前的赤潮灾害。

2009 年 5 月 17 日，福建省莆田市南日岛周边海域发生了大面积赤潮，持续了 8 天，面积为 10 平方千米，赤潮优势种为夜光藻，赤潮区水体呈红色条状分布。因此次赤潮持续时间长、污染范围广，加上适逢天文小潮，海水对流缓慢，造成当地海上养殖的经济鱼类以及成品鲍鱼大面积死亡，造成海洋水产养殖损失 6000 万元。

2009 年 5 月 23 日，福建省平潭县龙王头海水浴场及流水码头海域发生赤潮，持续时间为 2 天，面积为 20 平方千米，赤潮优势种为夜

海上渔业

光藻，赤潮区水体呈暗红色条状分布，此次赤潮灾害造成海洋水产养殖损失500万元。

2008年6月16~21日，辽宁省丹东市附近海域发生赤潮，最大面积达到500平方千米，赤潮优势种为夜光藻，当地贝类养殖受到影响，直接经济损失200万元。

2007年6月11~13日，福建省平潭东澳一级渔港码头西面海域及平潭龙王头海域发生小面积赤潮，主要带来赤潮的生物为米氏凯伦藻，海水养殖直接经济损失约为500万元。

2007年9月7~21日，广东省汕尾港区及附近海域发生赤潮，最大面积约30平方千米，主要赤潮生物为棕囊藻，直接经济损失100万元。

2006年12月3~23日，广东省汕尾港海域发生赤潮，最大面积约为45平方千米，主要赤潮生物为球形棕囊藻，有零星死鱼现象。

汕尾港美景

2005年5月30日至6月10日，浙江南麂列岛附近海域发生赤潮，最大面积约为500平方千米，主要赤潮生物为米氏凯伦藻和具齿原甲藻，造成网箱养殖鱼类大量死亡，直接经济损失2400万元，接近南麂镇全年养殖业的总产值。此外，此次赤潮波及洞头、瑞安、苍南海域，所经之处，也出现不同程度的海洋原生鱼类和养殖鱼类的死亡。

2005年5月31日至6月16日，浙江洞头赤潮监控区及附近海域赤潮，最大面积约为300平方千米，主要赤潮生物为米氏凯伦藻和具齿原甲藻，直接经济损失3700万元。

2005年7月4日，山东东营港附近海域赤潮，最大面积约为40平方千米，主要赤潮生物为棕囊藻，直接经济损失100万元。

2005年8月23~25日，山东东营附近海区发生赤潮，最大面积约为140平方千米，主要赤潮生物为棕囊藻，直接经济损失200万元。

2005年9月23~27日，江苏海州湾海域赤潮，最大面积约为1000平方千米，主要赤潮生物为中肋骨条藻，直接经济损失500万元。

赤潮对渔业的危害主要是通过以下途径产生的：

（1）赤潮生物的大量繁殖打破了海洋原有的生态平衡，造成海洋浮游植物、浮游动物、底栖生物相互依存关系异常或者破裂，这就大大破坏了主要经济渔业种类的饵料基础，破坏了海洋生物食物链，破坏了鱼、虾、贝类饵料基础，造成渔业产量锐减。形成赤潮的某些浮游植物是海洋次级生产者的良好饲料，但在经济海藻养殖区，往往与海带、紫菜等争夺营养，使经济藻类变色甚至腐烂，自身失去商业价值。

（2）有些赤潮藻类会分泌或产生黏液，这些黏液吸附在海洋动物鳃上、呼吸道黏膜上都会使动物呼吸苦难，窒息死亡；有些赤潮藻类具有长刺结构，其吸附在鱼类或其他动物鳃上，会使它们的鳃受到机械损伤从而影响呼吸机能，导致海洋生物窒息死亡；有些赤潮藻可以产生溶血性毒素等有害物质，使鳃细胞的呼吸组织破坏，抑制海洋生物的呼吸，同样会导致海洋生物的窒息死亡。

（3）赤潮藻类暴发性异常增殖还会造成海水 pH 值升高、黏稠度增大、含氧量下降、水体光照强度下降，赤潮藻类密集在水面，使水中的含氧量下降，影响海洋动物的呼吸，导致水下生物大量死亡。

（4）在赤潮后期，赤潮生物大量死亡，尸体在分解过程中会带来

紫菜

海洋农作物——海带

海洋环境的变化：在好氧条件下，尸体分解大量消耗水体中的氧气，使水体中的溶解氧急剧下降，造成区域性海洋环境严重缺氧，导致鱼类或其他动物窒息死亡；在厌氧条件下，尸体分解又会产生大量的氨、硫化氢、甲烷等有害化学物质，致使鱼、虾、贝类及海带、紫菜等海洋农作物大量死亡。另外，有些赤潮生物的体内或代谢产物中含有生物毒素，这种生物毒素能直接威胁到鱼、虾、贝等生物的生存。

3. 对人类健康的危害

当形成赤潮的生物种是有毒赤潮生物时，其危害不仅局限于渔业方面，还可使海洋生物大量死亡，甚至危害人的生命健康。

由于有些赤潮生物分泌赤潮毒素，如果鱼、贝类处于有毒赤潮区域内，必然会摄食这些有毒生物，虽然不足以被毒死，但是生物毒素在体内不断积累，数量会越来越多，最终超过了人体食用可以接受的水平。如果不慎被人食用，就会引发中毒，情况严重的话，还可能导致死亡。据统计，在世界沿海地区因误食含有赤潮毒素的鱼类、贝类而引起人体中毒或死亡事件非常多。

赤潮毒素是一类由有毒赤潮生物产生的天然有机化合物，其对人体的危害大多是通过人们食用含有这类毒素的贝类海产品而表现出来的，因此，通常将这类毒素称为“贝毒”。

赤潮生物毒素种类繁多，结构复杂，根据人体的中毒症状分为：麻痹性贝毒、神经性贝毒、腹泻性贝毒、西加鱼毒和记忆缺失性贝毒等。

赤潮的预防

赤潮的危害性比较大，对其进行预防势在必行。

1. 污水入海须控制

海水富营养化是形成赤潮的物质基础。携带大量无机物的工业废水及生活污水排放入海是引起海域富营养化的主要原因。因此，必须按照国家制定的海水标准和海洋环境保护法的要求，对排放入海的工业废水和生活污水进行严格处理，采取有效措施，严格控制工业废水和生活污水向海洋超标排放。

工业废水要经过处理后再排放

你知道吗

赤潮宣传很重要

赤潮一旦发生，其后果相当严重。因此，要经常通过报刊、广播、电视、网络等各种新闻媒介，向全社会广泛开展关于赤潮的科普宣传，通过宣传教育，增强人们抗灾防灾的意识和能力，同时也呼吁社会各方面在全面开发海洋的同时，高度重视海洋环境的保护，提高全民保护海洋的意识。这样做是有必要的，因为我们只有保护好海洋，才能不断向海洋索取财富。反之，将会带来不可估量的损失。

2. 监视预报有必要

在赤潮多发区、近岸水域、海水养殖区和江河入海口水域有必要进行严密监视，及时获取赤潮信息。只有预先发现，才能提前想出方法，从而解决这一问题。一旦发现赤潮和赤潮征兆，通过监视网络机构可及时通知有关部门，从而有组织有计划地进行跟踪监测，提出治理措施，千方百计地减少赤潮的危害。为把赤潮灾害控制在最小范围内，减少损失，必须积极开展赤潮预报服务，使赤潮防范工作真正落实。

3. 开发海洋要合理

近年来的数据表明，赤潮多发生于沿岸排污口，以及海洋环境条件较差、潮流较弱、水体交换能力较弱的海区。而海洋环境状况的恶化，又是由于沿岸工业、海岸工程、盐业、养殖业和海洋油气开发等行业没有统筹安排、布局不合理造成的。

为避免和减少赤潮灾害的发生，应开展海洋功能区规划工作，从全局出发，科学指导海洋的开发和利用。对重点海域要做出开发规划，减少盲目性，做到积极保护，科学管理，全面规划，综合开发。

另外，海水养殖业应积极推广科学养殖技术，加强养殖业的科学管理，控制养殖废水的排放，保持养殖水质处于良好状态。

第二节
地球变暖的前兆：海平面上升

积极应对海平面上升

1992年，联合国政府间气候变化专门委员会的一份报告指出：燃烧化石燃料排放出来的硫对大气有冷却作用，有可能减弱或抵消过去几十年北半球温室作用。同时，全球变暖将导致海水升温，但却增加其蒸发量，有可能使地球极区和格陵兰的降雪量增加，使这些地区的冰盖不但不会变薄，反而加厚。当然，地球极区和格陵兰的冰雪对海平面的升降有着非常重要的影响。

除此之外，人们对海洋中二氧化碳对大气的影响、海洋底部地壳运动造成洋盆体积的变化等没有什么了解，所以在评估海平面上升方面无法做到准确。

在专家看来，与冰川融化、海平面上升相比，由于过度开采地下水导致的大幅度地面沉降是更为可怕的，因为它会造成一些沿海地区“滑向大海”。因此，要想缓解海平面上升的速度，除了减轻温室效应外，还应当避免过量开采地下水，同时还要想尽一切办法来控制沿海地面沉降。

冰川融化

据记载，早在1965年，为了防止地壳和陆地反弹，上海市就采取人工回灌地下水的方法，其效果非常好。后来天津市也进行效仿，有效控制了部分地区的地面沉降。

除此之外，一些专家认为之前的方法已经不适应现在的形势，因此要想阻止海平面不断上升还应该采取其他一些措施，如及时加高加固现有堤防设施。同时沿海地区新建港口、防洪工程和城市建筑时，必须为将来海平面相对上升留有余地。其中，加强对海平面上升、陆地沉降以及引起的相应变化进行监测是最为重要的。只有这样，才能让大众做到心中有数，做到有的放矢。

海平面上升的预测

未来海平面究竟能上升多少？这是人们十分关心的问题，也是海洋学家正在潜心研究的一个重要课题。现在，全球数以千计的观测站，在日夜收集资料，其中有的观测站已超过300年，积累了很丰富的海平面变化的信息。早在20世纪40年代，美国的哥登伯格就收集和分析了世界各地观测站的资料。他指出，世界各大洋海平面正以每年1.1毫米的速度上升。到60年代，一些海洋学家统计，近百年来世界海平面上升率，为每年1～1.5毫米。进入70年代，则出现了小的上下波

沿海城市

岛屿美景

动，也就是有的海区海平面仍在上升，有的则呈现下降趋势。1980年，有人对全球725个海平面观测资料分析，所得的结果与以往有很大的不同，即在大陆沿岸海平面上升率年平均为3毫米，岛屿沿岸为2.5毫米；其中1970～1974年间海平面上升最快，年平均高达14毫米。近年来，从卫星获取的资料表明，全球海平面正以年均3.9毫米的速率上升，远远高于近百年来年均1～1.5毫米的数值。这与中国一些海洋学家计算的年均上升3.8毫米的数值相近。

关于近百年来中国沿岸海平面变化情况，经国家海洋信息中心对全国48个观测站的资料分析表明，中国各海区的海平面变化很不一样，大多数海区呈上升状态，个别海区则有下降趋势，从总体看仍处于上升过程，年均上升率为1.4毫米。其中，渤海年上升率为0.5毫米，东海为1.9毫米，南海为2毫米，只有黄海海平面略有下降，年下降率为0.2毫米。经过分析认为，这是因为山东半岛地壳正在缓慢上升的缘故，大约每年上升2.5毫米左右，比附近海区海平面上升得快，故显示其相对下降的趋势。

你知道吗

2050年海水面上升预测

中国十分重视对未来海平面变化的预测。预测到2050年，中国各海区海平面上升幅度，珠江三角洲为40～60厘米，年均上升为0.7～1.1厘米；上海地区为50～70厘米，年上升为 0.9 ~ 1.2 厘米；天津地区为 70 ~ 100 厘米，年上升为 1.2 ~ 1.8 厘米。上述变化速度主要考虑了全球海平面上升、当地区域构造沉降和河流水位上升等因素。当然，这些因素也与全球气候变暖有直接关系。总的来看，中国这方面的预测值，大于全球海平面上升的速度。

黎明的海平面

关于未来全球海平面的变化趋势，各种说法不一。比较一致的看法是，气候变暖，冰川融化，导致海平面上升。气候变暖的主要原因是大气温室效应的加强，在过去 50 年里，矿物燃料的消耗量增加了 2 倍，排放到大气中的二氧化碳等温室气体增加了 1/4，预计未来 50 年内，还将增加 1 倍。届时，全球气温将上升 1.5℃ ~ 4.5℃，大大超过了历史上气温上升变幅的记录。1990 年，联合国专家组宣称，到 2030 年，全球海平面将上升 18 厘米，也就是年均上升 4.5 毫米。

海平面上升的危害

按目前多数海洋学家的推测，海平面平均每年约上升 1 厘米，100 年后海平面比现在要高出约 100 厘米。这无疑是一个令人警惕的信号。海平面上升带来的危害，主要表现在以下几个方面。

（1）一些岛屿国家和沿海低洼地带，土地可能会被淹没，海岸要遭受侵蚀。全世界有 40 多个岛国，大多数分布在太平洋和大西洋的加勒比海地区，总面积约 77 万平方千米，人口约 4300 万。这些岛国人均占有土地很少，土地是他们赖以生存的一种极其宝贵的资源。许多岛国的国土仅在海平面以上几米，有的甚至在海平面以下，靠着海堤来维护其存在。一旦海平面上升，势必将使这些岛国面临被淹没的危险。

一些沿海低洼地区，特别是河口三角洲平原，交通便利，工农业发达，往往是一些重要城市所在地。据统计，世界上约有 60% 的人口，集中在沿海地带，在全球 35 万千米的海岸线上，有近 1 万千米的岸段上建有城镇。海平面的上升，必将给这些地区带来灾难。

据有关研究结果显示，当海平

面上升1米时，一些世界大城市，如纽约、伦敦、威尼斯、曼谷、悉尼、上海等，将有被浸没在水下的危险；一些人口集中的河口三角洲地区是更大的受害者，特别是印度和孟加拉国之间的恒河三角洲、越南和柬埔寨之间的湄公河三角洲，以及中国的长江三角洲、珠江三角洲和黄河三角洲等。那时，中国沿海将有12万平方千米的土地被淹没，相当于一个浙江省的面积没于水下，需要迁移约7000万人口。在孟加拉国将失去现有国土的12%，约有1/10的人口需要内迁。占世界海岸线长度15%的印度尼西亚，有40%的国土面临受灾。

日本海洋学家指出，到21世纪末期，日本海平面约升高65厘米，将有80%的海岸线受到侵蚀。美国环境保护署在给美国国会的一份咨询报告中估测，若21世纪海平面上升1米，美国沿海城市的不动产遭到损失总额约3000亿美元。由此可见，海平面上升是人类面临的一个重大威胁。海洋学家的担忧，不是没有根据的。

（2）海平面上升将加剧对海岸的侵蚀，特别是对那些砂质海岸的损害更为严重。在现代海平面上升阶段，中国已有一些海岸遭到侵蚀后退。据统计，中国砂质海岸被海水侵蚀的岸段已占到70%左右。这个比例还在上升。据报道，山东沿海有35个县市，岸线长3100多千

印度尼西亚的海岸

米，已有10个县市遭受到海水的侵害，730平方千米的土地受到影响，地下水质变坏，不能用于人畜饮用和工农业生产，200多万公顷农田盐碱化，农作物严重减产，每年损失超过10亿元人民币。

海岸侵蚀严重破坏了滨海旅游景观，海滩的砂体结构被海水冲得沟壑纵横，要恢复到“黄金海岸”的原貌，据保守估计，每米的海滩需补砂量5000立方米。目前，全世界海滩总长约近1万千米，共需填砂500亿立方米，其工程之大，造价之高，是可想而知的。

（3）海平面上升还会造成咸水内侵、水质恶化、地下水位上升、生态环境和生物资源遭到严重破坏。海平面上升后，海水将沿河道侵入内陆，河口段的水质变咸，直接影响城市供水和工农业生产用水，同时将造成现有排水系统和灌溉系统不畅和报废。据日本建设省一份报告分析，日本全国有一级河流109条，随着海平面上升，靠近河口段的水面将上升，因此需要重新评价水位流程的地段达1000千米，也就是说有1000千米的河段需要重新调整和改造。据荷兰公共工程部门估算，为适应海平面上升而引起的海水内侵，全国需要重新改造的供水和排水系统，投资额将达几十亿美元。

海水内侵必然影响到地下水的水质，一些依赖地下水供给的沿海城市，也将面临新的困难。地下水抬升还会影响一些高大建筑物的地基设施和地铁的构造，等等。此外，海平面上升对某些需要定期溯河洄游的海洋生物种群，也带来新的威

沿海红树林

胁；虽然一些海洋生物种群可以适应海平面上升，向更远的上游洄游，但城市大量污水的排放，往往受到内侵海水的顶托，使河口段水质变坏，影响海洋生物的生长发育，即使依赖咸淡水生存的红树林和珊瑚礁等，也将遭到一定程度的损害。

（4）据有关的海洋学家研究，海平面上升还会加重台风、暴雨和风暴潮的危害。因为海平面上升显示了气候变暖的结果，而气温升高将使空气中容纳水汽的含量增加，有利于降水强度的增大，进而促使蒸发加速，加快了水的循环和空气的对流，有利于形成暴雨。气温的上升也将增强台风强度和造成风暴潮灾的频发。海平面升高无疑会抬升风暴潮的水位，原有的海堤和防潮设施将被削弱或报废，本来不易受灾的地区，也可能不安全了。据最近 12 年灾害情况统计表明，因气候异常导致的海平面上升，由此造成的台风、洪水、漫滩等灾害带来的经济损失越来越大。

第三节
一对矛盾体：厄尔尼诺与拉尼娜

厄尔尼诺之谜

厄尔尼诺最早发现于 1934 年。这一年，在南美秘鲁沿海一带，降雨量特别多，高出常年的 3 倍多；海水温度明显升高，12 月份水温高出常年 5℃；深水的鱼群纷纷上浮，人们在海边可以随意捉到，误认为是上帝所赐。此后，1937 年圣诞节前后，又出现类似现象。直到 60 年代后期，人们才发现厄尔尼诺竟与世界气候异常有联系，这才引起众多学者的关注，提请联合国等有关组织，动员世界各国的力量，来探索厄尔尼诺之谜。

深水的鱼群

你知道吗

1986~1987 年的厄尔尼诺灾害

1986~1987 年的厄尔尼诺现象，使赤道中、东太平洋海水表面水温比常年平均温度偏高 2℃左右；同时，热带地区的大气环流也相应地出现异常，热带及其他地区的天气出现异常变化；南美洲的秘鲁北部、中部地区暴雨成灾；哥伦比亚境内的亚马孙河河水猛涨，造成河堤多次决口；巴西东北部少雨干旱，西部地区炎热；澳大利亚东部及沿海地区雨水明显减少；中国华南地区、南亚至非洲北部大范围地区均少雨干旱。

关于厄尔尼诺的起因，众说纷纭，大致可以归纳为以下几种：

（1）地球自转速度大幅度减缓所致

地球自转速度变化，分为长期的、季节性的和不规则的变化 3 种。不规则变化最为复杂，可以突然变快或变慢；根据对 1956 ~ 1985 年间的 7 次厄尔尼诺的研究，有 6 次是在地球自转急速变慢的第二年，使赤道附近海水获得了较多的东南向的动量，引起南赤道流减弱，导致北赤道逆流的涌进，暖水大规模南侵，由此厄尔尼诺发生。

（2）由海底火山爆发和熔岩活动引起

秘鲁附近海域正处在加拉帕戈斯断裂带，常有地下岩浆溢出或热液强烈喷发，使深层海水突然升温几百度，加热了南赤道流海水，产生厄尔尼诺；同时，火山爆发伴生大量有害气体，导致海洋生物大批死亡。据此，一些科学家发现，20 世纪 20~50 年代期间，是火山活动的低潮期，此时厄尔尼诺也很少出现，强度也较弱；进入 60 年代后，世界各地火山活动频繁，厄尔尼诺次数也相应增多，强度也明显增大。根据近百年资料统计，3/4 左右的厄尔尼诺发生在强火山爆发的第二年。这是否纯属巧合，有待于继续验证。

（3）因大气污染，尤其温室气体过量排放，引起温室效应、气候变暖的结果

火山爆发

长期以来，由于工农业生产的发展，二氧化碳和甲烷等温室气体大量排放，温室效应促进大气变暖。据近百年统计，全球气温已上升了0.3℃~0.6℃，且有愈来愈快的趋势。气候变暖导致厄尔尼诺的频繁发生。这也是许多学者特别关注的方面。

（4）南方涛动的变化，影响了东南信风的强弱，导致南赤道流的异常，引发了厄尔尼诺

这是20世纪60年代挪威气象学家皮叶克尼斯首先提出的观点。他将南方涛动与厄尔尼诺联系起来，把研究的重点放在热带海洋。他在太平洋选取4个区域进行观测，一旦海区内水温上升0.5℃时，即有可能是南方涛动与厄尔尼诺活动的先兆。由此发现南方涛动指数变化趋势，与厄尔尼诺出现有关。

除上述几种说法外，有的学者还提出厄尔尼诺与大洋暖水团大范围的运动有关，特别与黑潮大弯曲有一定联系，等等。总之，厄尔尼诺的发生，不是单一因素所能解释的。目前，人们对它的认识比过去深入多了，随着研究工作的不断深入，厄尔尼诺之谜终将大白于天下。

可怕的“圣婴”

厄尔尼诺是西班牙语，原意是“圣婴”。19世纪初，秘鲁渔民发现每年10月至次年3月都会出现一支沿厄尔多尔海岸向南流的微弱洋流，它会使南美沿海的海水出现增温，由于这种现象经常发生在圣诞节前后，故得此名。

秘鲁渔民

厄尔尼诺现象引起的森林大火

厄尔尼诺又称厄尔尼诺海流，是太平洋赤道带大范围内海洋和大气相互作用后失去平衡而产生的一种气候现象。正常情况下，热带太平洋区域的季风洋流是从美洲走向亚洲，使太平洋表面保持温暖，给印度尼西亚周围带来热带降雨。但这种模式每2～7年被打乱一次，使风向和洋流发生逆转，太平洋表层的热流就转而向东走向美洲，随之便带走了热带降雨，出现所谓的“厄尔尼诺现象”。

厄尔尼诺现象的基本特征是太平洋沿岸的海面水温异常升高，海水水位上涨，并形成一股暖流向南流动。它使原属冷水域的太平洋东部水域变成暖水域，结果引起海啸和暴风骤雨，造成一些地区干旱，另一些地区又降雨过多的异常气候现象。

1. 幽灵般的厄尔尼诺

1997年春夏之交，一次新的厄尔尼诺又卷土重来。这次事件一爆发，就显示出其来势凶猛、发展迅速和强度特大等特点。暴风雪、飓风、暴雨、洪涝、干旱、高温、酷暑等异常气象袭击着五大洲。为此，世界气象组织专门发表了一项调研报告称，1997年3月开始的厄尔尼诺即太平洋热带地区海面温度异常增高的范围和它导致的全球气候异常的范围，都超过1982～1983年，创100多年来的最高纪录。太平洋东部至中部水面温度比正常高出约3℃～4℃，令中国长江流域出现大水，华南地区持续暴雨，东南亚地区发生大规模的森林大火。

从20世纪70年代开始，厄尔尼诺现象变得越来越频繁，每4～5年出现一次。至1997年的20年来厄尔尼诺现象分别在1976~1977年、1982～1983年、1986～1987年、1991～1993年和1994～1995年出现过5次。

在1982～1983年，厄尔尼诺持续了将近两年，赤道东太平洋的海水增温达3℃～7℃。这次厄尔尼诺的影响几乎遍及全世界，它使地球上的海洋及大气系统受到严重干扰。欧洲南部、非洲东部和南部、印度南部和斯里兰卡、菲律宾和印度尼西亚、苏联的亚洲部分、澳大利亚、拉丁美洲的墨西哥、巴西东北部、美国的夏威夷，以及我国的华北和西北都遭受了几十年，甚至上百年未遇的严重旱灾；而西欧的法国、联邦德国、美国西部、古巴，南美洲的厄瓜多尔、秘鲁、玻利维亚、巴拉圭、阿根廷、巴西南部及我国江南等地均先后遭受多年未遇的暴雨洪水袭击。此外，尚有遍布全球举不胜举的台风、冰雹、龙卷风、雪灾、冻灾等气象灾害。1982 ~ 1983 年的那次厄尔尼诺造成全世界约 1500 人死亡，直接经济损失达 200 亿美元以上。

进入 21 世纪以后，随着全球变暖，厄尔尼诺现象出现得越来越频繁。近年来，厄尔尼诺现象曾经在以下年份出现：2002 ~ 2003 年、2004 ~ 2005 年、2006 ~ 2007 年、2009 ~ 2010 年。

2. 愈演愈烈的厄尔尼诺

虽然 1997 年 3 月以前，赤道东太平洋海温还处于偏冷状况，但此时的热带海洋和大气中已经显露出厄尔尼诺即将来临的征兆：1996 年 12 月和 1997 年 2 月，赤道西太平洋上空信风强度明显减弱，引起了赤道西太平洋暖水向东传输。在 1997 年 2 月和 5 月，两股暖流先后到达太平洋东侧南美沿岸，这使得

干涸的水库

暴雨引起的洪涝灾害

南美沿岸和赤道东太平洋地区海面温度急剧上升，3月份时南美沿岸海面温度比正常时期高出1℃以上，5月份赤道东太平洋海面温度大范围异常偏高1℃～3℃。厄尔尼诺特征强度不断加强，从赤道太平洋西经0°～90°区域内的平均海温来看，6月份已比正常海温高出了2℃以上，8月份开始则高出了3℃以上；从11月起，这一区域的海温变化程度已经超过20世纪最强的1982～1983年厄尔尼诺的峰值。

1997年12月的最新监测结果表明，赤道东太平洋部分海域海温偏高超过5℃，西经150°～90°区域内海温偏高3.9℃，而1982～1983年厄尔尼诺期间该区域异常温度最大时的月平均海面温度为3.6℃。

随着这次厄尔尼诺的暴发，引起全球许多地区的气候异常，许多国家和地区暴雨频繁、洪涝成灾；同时另一些国家和地区则高温少雨，遭受着严重干旱。

在太平洋东海岸，智利北部1993年6月两天的连续降雨量竟相当于过去21年的总降水量，并引发了近十年来最严重的洪水，使得全国13个大区中有9个大区被列为重灾区。阿根廷和智利的边境地区出现特大暴风雪，一些地区积雪深度超过4米，茫茫大雪造成公路阻断，大批车辆和人员被困。7月上旬，厄瓜多尔沿海连日瓢泼大雨，造成山洪暴发，大片农田和香蕉园被淹没，许多道路、桥梁被冲毁，通信和交通中断，许多房屋浸泡在齐腰深的洪水之中，成千上万人无家可归。8月，智利北部和中部又持续降大暴雨，一些地区4天之内雨量竟高达正常年降水量的10倍，暴雨引起的洪灾使得上万人无家可归，20万人与外界隔断；安第斯山区连续一个多星期的暴风雪造成2万人被围困，至少8人被冻死，19个村庄与外界失去联系，造成秘鲁南部损失十分严重。8月中旬，阿根廷、乌拉圭部分地区暴雨成灾，很多人被洪水夺去生命。10月中、下旬，巴西南部、阿根廷北部和乌拉圭南部连降倾盆大雨，一些河流决堤，洪水和泥石流使得至少2万人弃家出逃。

在印度洋西岸，东非的埃塞俄比亚、苏丹、肯尼亚、索马里等国家自1997年10月以来降雨量相当于正常雨量的10倍，从而多次引发严重洪水，造成至少2000人死亡，数十万人被迫离开家园。

在暴雨洪灾袭击上述地区的同时，处于热带西太平洋地区的菲律宾发生了非常严重的干旱：与常年相比，5个大水库水位明显降低，农作物播种被推迟。同时，印度尼西亚也发生了非常严重的干旱，农田干枯，主要经济作物咖啡豆的产量受到严重影响；伊里安查亚省有大量人口死于饥荒和疾病、饮食困难。同时，气候过于干燥还引发了大范围严重森林火灾，后果不堪设想。而澳大利亚也遭受干旱，经济损失严重，农作物减产。巴布亚新几内亚河流干涸，庄稼枯萎，农作物大面积减产，人民饱受饥饿之苦。

在拉丁美洲，洪都拉斯、海地、巴拿马中部、巴西北部也发生了严重干旱。巴拿马首都巴拿马城、哥伦比亚北部沿海地区连续数日出现

干旱造成的严重后果

异常高温天气。

在南非，9月下旬刚一入夏，便连遭热浪袭击。一些地区出现创历史纪录的高温天气，最高气温达40℃，高温热浪使得草场大火不断发生，损失惨重。

厄尔尼诺也使美国气候发生异常，美国许多地区的降雨量达到往年同期的3～4倍。

黄河断流

此次厄尔尼诺也在很大程度上影响了中国的气候。1997年，西北太平洋及南海地区生成的热带气旋和台风数比正常年偏少，其中登陆我国的只有4个，比正常年份偏少一半左右。这与我国气象学家关于厄尔尼诺发生时在西北太平洋及南海地区生成的台风数和登陆我国的台风数较少的研究结果是一致的。我国北方大部分地区降水明显偏少，以新疆东部、陕西、河南、山西、河北、甘肃东部、山东大部、吉林中部旱情最为严重。据统计，北方受旱面积超过3亿亩，仅河北省受旱面积就达3898万亩，绝收面积498万亩。河南省受旱面积4400万亩，绝收384万亩。黄河断流132天，断流距离长达672千米，断流8次，为200年来之最。昔日黄河滔滔，今日不见流水。中国南方，6月份湖南遭受历史未见的特大暴雨袭击，农田被淹，街道积水；7月份珠江流域出现20年一遇的洪水；贵州西南部遭受大暴雨袭击，致使盘县发生特大山体滑坡；湖北省先有几十年不遇的大旱，后有7月中旬的大暴雨，45个县市受灾，部分地区山洪暴发，平原湖区严重涝灾，受灾农田936万亩。

1997年8月18日，百年不遇的狂风、暴雨、大潮洗劫浙江台州、温州、宁波、舟山等地，9711号台风像千万只疯狂的猛兽，顷刻间把鱼米之乡蹂躏得满目疮痍，惨不忍睹：拔起树木、刮倒民房；低洼地带一片汪洋，街道公路成为湍急的河流；10米高的恶浪使集装箱纷纷扬扬散落在百米之外的河沟山地，脱缆的渔船被冲到二层楼上……这场台风造成浙江100多亿元的损失。

台风给人们带来的痛苦和损失是极为残酷和巨大的。另外，使人难熬的就是盛夏中国华北、西北东部、东北、黄淮地区高温肆虐、酷热难耐的如火天气。不少地方气温高于35℃的高温日数超过30天，如石家庄达39天，济南37天，郑州31天，西安57天，其范围之大、持续时间之长，为历史所罕见。北京的高温日数虽然有20天，但7月4～18日持续半个月之久的高温、少雨、晴热天气，给人们留下的印象是不会轻易抹去的。

截然不同的拉尼娜

拉尼娜现象，又称反圣婴现象，是一种和厄尔尼诺现象相反的现象，因此用西班牙语中"厄尔尼诺"的阴性名词"拉尼娜"来代表。厄尔尼诺是"男孩"的意思，拉尼娜则是"女孩"的意思。

厄尔尼诺现象是太平洋中东部海水温度变暖，而拉尼娜现象则是太平洋中东部海水异常变冷的情况。拉尼娜现象表面为东太平洋明显变冷，同时也伴随着全球性气候紊乱，总是出现在厄尔尼诺现象之后。东北信风将表面被太阳晒热的海水吹向太平洋西部，致使西部比东部海平面增高将近60厘米，西部海水温度增高，气压下降，潮湿空气积累形成台风和热带风暴，东部底层海水上翻，致使东太平洋海水变冷。

太平洋上空的大气环流叫作沃尔克环流。当沃尔克环流变弱时，海水吹不到西部，太平洋东部海水变暖，就是厄尔尼诺现象；当沃尔克环流变得异常强烈，就产生拉尼娜现象。

太平洋景象

一般拉尼娜现象会随着厄尔尼诺现象接踵而来，出现厄尔尼诺现象的第二年，都会出现拉尼娜现象，有时拉尼娜现象会持续两三年。拉尼娜与厄尔尼诺"性格相反"，随着厄尔尼诺的消失和拉尼娜的到来，全球许多地区的天气与气候灾害也将发生转变。总体说来，拉尼娜的性情并非十分温和，它也可能给全球许多地区带来灾害，其气候影响与厄尔尼诺大致相反，但其强度和影响程度不如厄尔尼诺。

风雪灾害

拉尼娜现象会造成全球气候异常。包括使美国西南部和南美洲西岸变得异常干燥，并使澳大利亚、印度尼西亚、马来西亚和菲律宾等东南亚地区有异常多的降雨量，以及使非洲西岸及东南岸、日本和朝鲜半岛异常寒冷。在西北太平洋区，热带气旋影响的区域会比正常年份偏南和偏西。

虽然人类发现拉尼娜现象已超过 500 年，但还是无法确切地掌握它的行踪。2008 年，拉尼娜现象肆虐，世界上多个国家都遭受了有史以来最为严重的低温、风雪灾害。仅中国一地，直接经济损失就超过了 1500 亿元。

你知道吗

拉尼娜引起我国大旱

2009 年 2 月，中国国家气候中心公布了我国北方地区干旱的最新进展。自 2008 年 10 月下旬以来，北方冬麦区的降水量普遍较常年同期减少 5 ~ 8 成，降水量之少为 30 年一遇，特旱区则达 50 年一遇。截至 2009 年 1 月 31 日，气象干旱区已波及北京、天津、河北、山西、山东、河南、安徽、江苏、湖北、陕西、甘肃和宁夏等地，河北南部、山西东南部、河南西南部等地一度达到特旱，对当地冬小麦造成较大影响。世界气象组织表示，中国北方遭遇的严重干旱与拉尼娜现象密切相关。

拉尼娜形成之谜

赤道中、东太平洋海温的增暖、信风的减弱与厄尔尼诺有密切的关系，而赤道中、东太平洋海温度变冷、信风的增强与拉尼娜相关。所以，从某个方面来说，拉尼娜是热带海洋和大气共同作用的结果。所谓信风是指低纬大气中从热带地区刮向赤道地区的风，在北半球被称为“东北信风”，南半球被称为“东南信风”。在很久之前，居住在南美洲的西班牙人利用这恒定的偏东风航行到东南亚开展商务活动。所以，在他们看来，信风就是贸易风。

海洋表层的运动是多种因素综合作用的结果，但主要是受海洋表面风的影响。在信风的作用下，大量暖水被送到赤道西太平洋地区，到达赤道东太平洋地区的时候暖水就会被刮走，此时暖水主要靠海面以下的冷水进行补充，与西太平洋相比，赤道东太平洋海温稍低。当信风加强的时候，赤道东太平洋深层海水有着更加剧烈的上翻现象，这必然导致海表温度偏低、气流在赤道太平洋东部下沉，但是西部气流有着非常明显的上升运动，对加强信风非常有利，使得赤道东太平洋冷水增多，这就是拉尼娜现象。

第四节　海岸雕刻家：海蚀

波浪在作怪

海水侵蚀海岸地带的方式，主要有水力撞击及水压作用、磨蚀作用、溶蚀作用等。海蚀作用所造成的地形相当丰富，常见的有海蚀崖、海蚀洞、海蚀平台、海蚀凹壁、海蚀阶地、海蚀柱等，都是在海岸地带常见的地形景观。

海岸的侵蚀作用，主要有波浪、潮汐及海流3种管力。海浪不断地拍打海岸，是塑造海岸地形最重要的因子。潮汐大规模的水面升降现象，与波浪的作用相辅相成。

海蚀主要由波浪作用产生。由于波浪对岩岸岸坡进行机械性的撞击和冲刷，岩缝中的空气被海浪压缩而对岩石产生巨大的压力，波浪携带的碎屑物质对岩岸进行研磨，以及海水对岩石的溶蚀作用等，统称海蚀作用。海蚀多发生在基岩海岸。海蚀的程度与当地波浪的强度、海岸原始地形有关，与组成海岸的岩性及地质构造特征，亦有重要影响。

根据海岸地貌的基本特征，可

形貌奇特的海蚀台

分为海岸侵蚀地貌和海岸堆积地貌两大类。侵蚀地貌是岩石海岸在波浪、潮流等不断侵蚀下所形成的各种地貌，主要有海蚀洞、海蚀崖、海蚀平台、海蚀柱等。由于海岸侵蚀地貌有不同的海岸物质，所以其被侵蚀的速度、地貌发育的程度也有很大的不同。堆积地貌是近岸物质在波浪、潮流和风的搬运下，沉积形成的各种地貌。根据不同的标准可以有不同的堆积地貌，如按堆积体形态与海岸的关系及其成因，可分为毗连地貌、自由地貌、封闭地貌、环绕地貌和隔岸地貌；按海岸的物质组成及其形态，可分为沙砾质海岸、淤泥质海岸、三角洲海岸、生物海岸等。

（1）海蚀崖前形成的基岩平坦台地就是海蚀平台。在海浪的作用下，海蚀崖不断发生变化，在海蚀崖向海一侧的前缘岸坡上塑造出一个向海倾斜的平坦岩礁面。当这个平坦岩礁面形成之后，平台可以不断地扩展，直到波浪通过平台，并在对平台的摩擦和对碎屑物质的搬移中消耗掉全部的能量，海蚀崖就会停止后退，最终形成海蚀平台。在海蚀平台上可以发育出多种地貌，如浪蚀沟、锅穴、洼地……同时，它也可以形成由海蚀崖崩坠堆积成的锥形岩体和砂粒覆盖的波蚀残丘。通常来说，海蚀平台位于平均海面附近，但也有位于高潮线以上的或者是海平面以下的。位于高潮线以上的海蚀平台是由特大暴风浪作用而形成的暴风浪平台；而位于海平面以下的海蚀平台是由波浪侵蚀作用在下限处形成的海底平台。当然，不同的海平面变化及构造运动也必然会形成不同高度的海蚀平台。

海蚀崖

（2）海蚀柱是海岸受海浪侵蚀、崩坍而形成的与岸分离的岩柱。海蚀柱是在海蚀洞的基础上发展而来的。在海浪的不断作用下，岬角两侧的海蚀洞就会被蚀穿贯通，最终形成顶板呈拱形的海蚀拱桥。而海蚀拱桥还可以称为海穹、海拱石，它在岬角海岸非常常见。当海蚀拱桥受到进一步海浪侵蚀的时候，顶板的岩体就会坍陷，而残留的岩体与海岸分隔开来后仍然峭然在岩滩之上，海蚀柱也就形成了。

海蚀带来的危害

有些海岸由质地松软的黏土、古冰川沉积物构成，有些由软硬相间的岩层构成，它们最容易遭受侵蚀。波浪和潮汐都能使侵蚀加速进行，特别是在发生风暴时，海水掏蚀海岸悬崖的底部，并迅速将从悬崖掉下来的物质搬运到海里。这类海岸悬崖极不稳定，常常发生坍塌、滑坡或泥石流。

在侵蚀海岸上，为了保持海岸的稳定，人们采用了各种方法，如修筑海堤、护岸堤和护坡等。通常来说，这些工程设施是用混凝土和石块修建的，减弱波浪的能量是其主要目的。只有减弱波浪的能力，其破坏才能减少。在较高纬度暴风浪带的沿海地带，这些保护措施最为常见。在这些地区，由于冬季风暴频发，其形成的波浪带有非常大的破坏性。

在中纬度地区最为常见的是堆积海岸。由于堆积海岸的冲淤有很大的变化性，所以其海滩易发生变化。在波浪、海流和潮汐的共同作用下，海滩上的散沙会被冲刷、搬运和再堆积。在这个过程中，如果与冲刷的沙量相比，海滩上散沙的供应量过少，此时的海滩就处于受侵蚀状态。

海滩美景

海蚀的防范

海岸侵蚀是世界范围内普遍存在的一种海岸灾害，也是一种地质灾害。简单地说，海岸侵蚀是指海水动力的冲击造成海岸线的后退和海滩的下蚀。

当然海岸侵蚀的原因有很多，除了风暴潮以外，还有河流入海泥沙减少、人工采砂、海面上升和海岸工程等。在现有条件下，导致现代海岸侵蚀灾害的主要因素是人类活动，如沿岸采砂、海岸工程建设、沿岸开采地下水和采伐红树林等。同时，人类的不合理活动还造成了河流输沙减少和海面上升。

海岸侵蚀带有非常严重的后果，如土地资源流失，冲毁沿岸村庄、工厂、道路、盐田、养殖场和防护林等。同时，如果情况严重的话，还会毁坏农田，严重威胁人民的生命财产安全。除此之外，还有一些其他方面的恶劣影响，如地下水质被破坏、海岸线减短、海水倒灌、盐碱地增加等。

总体来说，我国是侵蚀灾害最为严重的国家之一。根据相关资料可以得知，我国大部分的沙质海岸线和开阔的淤泥质岸线都有海岸侵蚀现象存在。与长江以南相比，长江以北的海岸侵蚀更为严重。从华南地区的情况看，侵蚀较为严重的省份为广东、海南、广西三省区。在海岸侵蚀强烈的海南海口市的海甸岛及新埠岛、广东汕尾等地，它们不但要受到风暴潮和巨浪的威胁，同时还要面临严重的土地流失。海岸侵蚀导致很多旅游区的旅游设施和生态环境都遭到了严重破坏。而部分港口及其他海岸工程设施也受到了威胁，如海口市污水处理厂、海南东方市四更村的东方盐场、海口湾西部临海高速公路等。

在海岸防护工程方面，我国历史比较悠久，规模也是非常大的。其中最为出名的是抗御台风风浪和杭州湾涌潮袭击的钱塘江海塘。从历史来看，在两汉时期，钱塘江海塘即已建立，在五代时用竹笼填石作塘，之后开始筑石塘，在清代乾隆年间改为石塘。在明代的时候，著名的钱塘江鱼鳞大石塘出现，在清代不断改进。从其构造方面来说，鱼鳞塘全部采用条石建造，而相邻的条石则用铁件嵌固。塘脚前滩地上用排桩夹石构筑成坦水，通常设有一至三道，称为头坦、二坦、三坦。事实上，塘身是岸坡防护工程，而坦水是护脚或保滩工程。

除此之外，还有另一种石塘，即条块石塘，它只是在临水一侧用

海岸侵蚀地貌

条石砌筑，内侧堆填块石。而明清时期修建的海塘，虽然经过了数百年浪潮的侵袭和淘刷，到现在仍然完好，在防护方面起着非常重要的作用。鱼鳞塘、条块石塘都是直墙岸壁式海塘，近些年来多采用带平台的斜坡式海塘，虽然其构建比较经济，但防护效果是非常好的，塘前也设有坦水。如今，钱塘江两岸仍然使用传统的丁坝群保护滩地。从20世纪50年代以来，中国沿海多数土堤增加了块石或草皮护坡，很多滩地为了防止海浪，采用了工程措施或者是生物措施。

要想治理海岸侵蚀，最好的办法就是减少人为破坏。如今，人们主要采用的治理办法包括保护红树林、禁止海岸采砂、限制沿岸地下水开采、调控河流入海泥沙、修建海岸护堤等。在一些重要的旅游海滩，其防护措施可以是人工喂砂。

你知道吗

马来西亚的海蚀

马来西亚29%的海岸线出现不同程度的海蚀，其中约10%的海岸线海蚀程度“相当严重”或“非常严重”。造成该国严重海蚀的主要原因是沿海地区没有经过良好规划而大肆开发，如兴建港口、过度捕捞、过度采砂填海、采矿、砍伐红树林、大兴土木以及大量发展工业区等，从而造成对环境的破坏。为防止严重的海蚀影响国家经济的持续发展，马来西亚政府对海蚀问题十分重视，并积极加以治理，采取了长期防范策略和短期补救措施并举的政策。

在海岸防护方面比较先进的国家有荷兰、美国和日本。荷兰有著名的须德海工程，海堤非常长；而其三角洲开发工程，不仅海堤断面大、标准高，且施工的机械化程度高，堤身沙土用水力冲填，混凝土或沥青护面用机械浇筑。美国多年来系统地研究了海岸演变与防护设施，提出了完整的海岸防护规划、设计标准和方法，在世界范围内得到了普遍认可。日本兴建的海岸防护工程在保护海岸线方面发挥了非常大的作用。

第八章 海灾带来的巨大海难

海难是指船舶在海上遭遇自然灾害或其他意外事故所造成的危难。海难给人们的生命、财产造成了巨大损失。台风、冰川、海啸等这些自然灾害已经给人类造成了无数的海难悲剧。如何防范海难的发生，如何降低海难所引起的损失以及如何在海难中自救，已经成为人类研究的新课题。

第一节　暴风引起的海难

风暴夜的“狂饮之舟”惨案

1994年9月27日，排水量达1.5万多吨的“狂饮之舟”号渡轮从爱沙尼亚的塔林市启程开往瑞典首都斯德哥尔摩，旅客们全都兴高采烈，准备好好地享受一番海上美景。船上载有好几个度假旅游团，其中包括64人的斯德哥尔摩便衣警察团和来自瑞典南部的5位退休老人。虽然全船只有1049名乘客，仅是满载量的一半，但甲板上的酒吧、餐厅里却座无虚席。

行驶中的渡轮

然而，渡轮开出没有多久，海上就开始狂风大作，浪高达6米，尽管这不是一年来最大的风暴，但旅客们还是预感到，这次旅程不会如想象的那么轻松。晚上8时30分，也许人们消受不起风浪的颠簸，酒吧里的乐队早早便收了场。午夜刚过，一场可怕的灾难从天而降。主机房里，25岁的值班机械师西拉斯特突然从监视屏上看到几个前舱门正在进水，他以为这只是打在船上的暴雨和海浪，便打开水泵向外排水。可是，几分钟之后，海水便一下子涌进了底舱的停车库里，没过了他的膝盖，水泵已经无济于事了。

这时，船体已开始向左舷急剧倾斜。西拉斯特一看大事不妙，便纵身跃入了海中。不一会儿，随着一声巨响，“狂饮之舟”号的烟囱倒在了水面上。然后，船底朝天，沉入了80米深的海水中，据估计，从发现险情到沉船，整个过程不到15分钟。人们接到的唯一一个报警信号的时间是12时24分。在骤然倾倒的客舱部，乘客们纷纷涌出舱房，挤在走廊和楼梯上。在走廊的地板上，躺满了昏迷和受伤的人们，急于逃命的人们只能狠心地从他们的身上踏过去。一些老年人已经绝望了，无助地坐在那里哭泣，许多孩子抓着舷梯栏杆，拼命地哭喊着，希望大人们来救他们。可是，人们已经顾不上他们了。

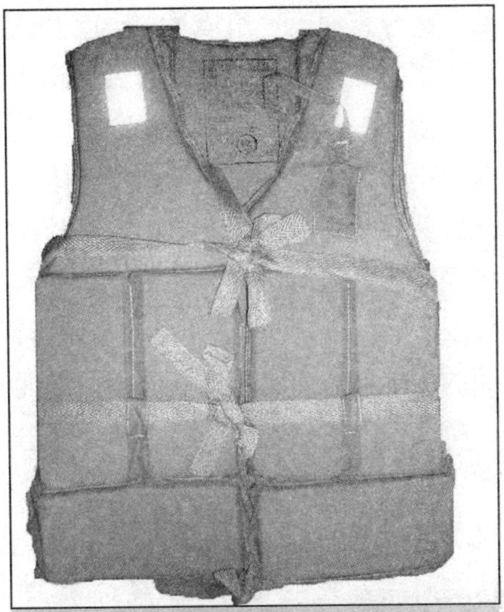

渡轮上的救生衣

当渡轮沉入海底之后，海面上除了能听见风暴的咆哮声，就是妇女们歇斯底里的尖叫声；能看见的只是几十点随着波浪起伏的微光，它们是固定在救生筏和救生衣上的应急灯。大部分从沉船中逃出来的人，即便穿着救生衣，也都因浸泡在12℃的海水中，先后在1小时内受冻而死。即便上了救生筏，也并非人人都能生还。

芬兰的“马瑞亚拉”号是在接到呼救信号1小时后最早赶到遇难现场的船只。在此之后，又有其他船只和6个国家派出的直升机先后赶到。在他们所救起的人员中，有一些很快便咽了气。幸存下来的只有140人，而遇难者总数则高达900人，其中大部分为爱沙尼亚人和瑞典人。

自从1912年著名的“泰坦尼克”号巨轮冰海沉船，造成1500人惨死之后，世界上再也没有一个造船家敢保证有哪艘船是不会沉没的。然而，各种事实表明，“狂饮之舟”号是绝对安全的。这艘“14岁”的德制渡轮设计合理，保养有方，船员都是些航海老手，而且船上备有足够的救生筏和救生衣。还有很重要的一点，起航之前它刚刚做了一次全面的检查。

灾难发生后，瑞典、爱沙尼亚和

芬兰的专家们迅速组成了一个联合调查小组。采用声呐探测仪所做的初步调查表明，灾难的起因基本断定为前舱门进水。其实，早在行前检测中，他们就注意到前舱门上的橡皮密封圈已经破损。据估计，“狂饮之舟”号外层前舱门不是松开，便是完全脱落，而内层单薄的前舱门是抵挡不住汹涌的海浪拍击的。于是，海水马上冲进底层的停车库里。一般情况下，只要进水1000吨，就会引起翻船；而“狂饮之舟”号底舱里的积水高达35厘米，早已超过了上述极限。

台风造成的“屋岛丸”悲剧

1933年10月中下旬，一次台风出人意料地在日本九州南部登陆，穿过兵库县西部向东北方向推进，由于造成了“屋岛丸”客轮沉没惨案，

台风云图

人们称之为“屋岛丸台风”。

1933年10月10日清晨，一个台风在雅蒲岛南部形成。12日清晨，到达雅蒲岛西北500千米处，风力逐渐增强，并向西北方向移动。19日上午6时到达台湾以东的石垣岛时，台风中心气压946百帕，风速33米／秒，并以40千米／小时的速度向东北方向移动。20日清晨4时在九州登陆，6时通过宫崎西部时，台风中心气压970百帕，但台风移动的速度加剧，超过70千米／时。上午8时，台风经过宇和岛附近，横穿濑户内海，正午时分又在兵库县登陆。当台风越过中国山脉(指日本冈山、广岛、山口、岛根、鸟取5县)时，中心气压为982百帕。傍晚，台风穿过若狭湾。台风中心离“屋岛丸”客轮最近的时间是中午12时30分左右。

你知道吗

雅蒲岛之谜

雅蒲岛是在太平洋西部加罗林群岛中的一个岛屿，也是密克罗尼西亚联邦最西的一个州。雅蒲岛实际上由4块相近的陆地组成，只是由珊瑚礁相连，所以该岛也被称为雅蒲群岛。雅蒲岛位于太平洋板块接邻菲律宾板块的区域，岛上地势起伏，被茂密的

植被所覆盖；海岸则大部分是被珊瑚礁包围的红树林沼泽。雅蒲岛也是世界上最大货币所在地，岛上的居民在土地和房屋的买卖交易时，仍用直径4米、重5吨的石材当货币使用；这些巨大的雅蒲岛石币，是从帕劳岛上的石灰岩切割下来后特地渡海运回来的。

“屋岛丸”总吨位947吨，装有燃煤的活塞式蒸汽机。这艘双烟囱三级客轮被限定沿海航行，它与“紫丸”一起往返于大阪与别府之间的客运航线。

1933年10月18日晚8时，“屋岛丸”从大阪港起航，途经神户、高松等港口，19日抵达别府港。当日下午6时该船离港时，船前部吃水3.2米，尾部吃水3.8米。它经过大分等港口，20日上午7时40分驶抵高松港，又上来65名旅客，共载员122人，于上午7时50分离港，向神户方向驶去。

上午9时，盐见船长收听到大阪中央广播电台发布的气象预报：“中心气压为973百帕的台风正以50千米/小时的速度向东北东方向移动，航行于济州海面的船只应特别注意。”由于“屋岛丸”当时所处水域的气压下降为988百帕，同时又远离台风预报的推进路线，所以船长对天气的变化并不特别重视。客轮继续保持原速航行，经过稻木岛时，船长让二副值更，自己便回到舱内休息。

半小时后，“屋岛丸”看到了北方1海里处小豆岛的大角鼻灯塔，并把航线定为北76°东，在播磨滩水域全速向东航行。这时，风浪逐渐增大，船体摇摆不定，船身开始向左舷倾斜。上午11时左右，船左舷1海里处的鹿濑灯浮标由于下雨而难以辨认。为安全起见，“屋岛丸”将航向稍稍转向右方，不久便看到了淡路岛的影子。此时，航向为北68°东。

中午12时14分，经过距船右前方0.7海里处的江琦灯台时，二副下令以南68°东的航向驶入明石海峡。在明石海峡，由南面而来的风浪使得淡路岛模糊不清。刚刚通过海峡，风浪立时增大，船体的倾斜度也急剧加大，但“屋岛丸”仍在继续航行。

12时28分，客轮接近平矶灯标，值更的二副按惯例向船长做了报告。当时，船长从舱内不停地向外观察着风浪的情况。1小时前，当“屋岛丸”驶过鹿濑时，风向由东南转向南，当时船所处水域的气压为982百帕。在1小时里，气压

明石海峡大桥

竟下降了3百帕，这说明“屋岛丸”已处在台风的右半圆范围内。实际上，此时午间气象预报已经发布:“一股强劲的台风已转向东北方，正向大阪湾方向移动。”(船长却没有收听)他听取了航行报告后，登上了驾驶台。

2分钟后，当“屋岛丸”通过北22° 东0.7海里的平矶灯标时，气压降为980百帕，台风方向为南转南东，风速25米/秒。这时，风吼浪涌，船体剧烈晃动着向左倾斜。为了能驶入神户港，“屋岛丸”将航向转向北84° 东，结果使船身左右摇晃得更加厉害。

12时40分，巨浪突然越过1米高的前甲板防波船舷，涌到船上。由于“屋岛丸”是一艘毫无防浪装置的三级客轮，海水轻而易举地便从各个舱口涌入船体内，致使船体越来越向左舷倾斜。巨浪连续不断地涌上甲板，情况变得更加严重了。当时虽采取了减速航行等措施，但船体的倾斜度仍在增加，继续航行已经没有希望了。

又过了15分钟，船长决定在须磨海岸的浅滩将船搁浅。在无可奈何的情况下，只能把船首对着风浪的方向稳住。水手们投下左锚，启动发动机并转舵，试图使船向右调转。与此同时，船长下令放下救生艇，通知旅客上艇，并拉动汽笛向岸上求救。

这时，由于船首向右过度急转，使得船体从南面一下子转向西面，造成了左舷正前方受风浪袭击的状态，使巨浪从容地涌上了本来就左倾的甲板。在救生艇放下后不久，船尾便于下午1时5分在离平矶灯标北84° 东6.2千米、妙法寺河口南1.7千米处开始下沉。

发现了这一情况的须磨渔业合作社派出渔船试图救援，但巨浪使渔船无法驶出，最后只得用电话同大阪商船公司神户分公司联系。

神户海关兵库县港务部、神户水上警察局、大阪商船公司的汽艇和渔业合作社的渔船，以沉船露出水面的桅杆为中心，进行了连续几天的搜寻救援。结果122名乘员中，只有55名被救起，共有39名旅客和26名船员溺死，另有2名旅客下落不明。

被台风摧毁的“洞爷丸”

强劲的台风，常常把海上航船卷进死亡的深渊。

1954年9月18日，日本函馆气象台于中午11点30分发出台风警报：“15号强台风将于黄昏时接

在海上捕鱼的渔船

近北海道南部地区。”然而，下午5点刚过，风突然停息并出现晚霞。此时，停在函馆避风的几艘大型渡轮，看到这个情况，误认为台风已过，天气恢复正常，便纷纷解缆起航。其实，真正的台风中心还没有移到这里，上述天气现象是津轻海峡东口的副热带高压所致。那时真正的台风中心还在北海道西边的奥尻岛附近，而且降低了前进速度，停滞在函馆湾以西，好像在有意等待函馆湾出航的轮船。

傍晚，一艘艘巨轮开出函馆湾。“洞爷丸”于下午6点39分离开函馆，开往青森。它是一艘大型渡轮，排水量4327吨，长118.7米，当时载有旅客1151人，船员163人，汽车12辆和大量邮件。

函馆湾的地形，北面被高山遮拦，南面张口对着津轻海峡。由于西南风长时间吹入津轻海峡，于是波浪逐渐增长，并涌入函馆湾。“洞爷丸”出港不久，台风迎面而来，海面风力再次加强。下午7点1分，“洞爷丸”只好在港外的锚地抛锚避风。翻腾的白浪不断拍打着巨大的船身，“洞爷丸”摇晃得非常厉害。不久，风力继续增强，风速高达25米/秒，“洞爷丸”和其他抛锚的船只仅靠锚已支撑不住，所以都开动了主机，以主机动力顶着风力保持船位。

函馆湾景色

“洞爷丸”在风浪中剧烈地颠簸着。晚上 7 点 30 分左右，海水不断从船尾的车辆装卸口打上甲板。从 8 点开始，风更加强烈了，打上甲板的海水逐渐在船舱里积聚起来。根据目击者提供的材料，当时船首车辆库的前部积水深达 30 厘米，而船尾车辆库的积水深达 1.1 米。因此，积水又从通风口及太平门灌进机炉舱和燃煤舱。船员们开动水泵，尽力排水还是不行。

不久，灌进燃煤舱的海水又从取煤口喷进锅炉房，使锅炉燃烧越来越困难。

“洞爷丸”船尾车辆库的甲板高于海平面，那么为什么有这样多的海水停滞在那里呢？根据事后的实验，弄清了是由于船舶激烈的纵摇所致，船尾把海水掏了上来，在还未完全流出时，后一个浪又涌上来，这样不断反复，大量的海水就停滞在甲板上。当时，函馆湾的浪高是 9 米，周期为 9 秒，波长约 120 米。由于波长与船的长度比较接近，所以“洞爷丸”的纵摇特别厉害。

晚上 8 点 40 分，阵风风速达到 57 米 / 秒。由于机炉舱进水增加，终于使左炉的给水泵停转，造成左舷汽轮机被迫停止。不一会儿，右舷汽轮机也停止了运行。可怜的“洞爷丸”由于失去了顶风的动力，开始拖着锚在怒涛中漂移。

晚上 10 点 26 分，船体被狂风吹得渐渐和海岸平行，并处于最危险的横风位置。突然，船底触及了海底，“洞爷丸”震动了一下。在巨浪的连续冲击下，船体产生了 40° 的严重横倾，不久因船窗玻璃破碎而进水，使横倾角度继续加大。到 10 点 39 分，“洞爷丸”发出“SOS”呼救信号。10 点 45 分，船体倾覆，横卧在七重滨的浅滩上，任凭风浪拍打……

由于海上风浪太大，“洞爷丸”在遇难时没有放下救生艇。在这次海难悲剧中，“洞爷丸”死去船员 114 人、旅客 1041 人，共计 1155 人。在倾覆前，有 710 人穿上救生衣跳海逃生，但其中大多数人在大风浪中溺水而死，仅有 159 人逃脱了死亡的厄运。

“圣菲利贝尔”号的灾难

“圣菲利贝尔”号是应南特航运公司的要求，于 1923 年在法国的圣纳泽尔船坞建造。这是一艘湖泊旅游船，圆头，近乎平底，有一座烟囱和一根桅杆。主甲板几乎是从前甲板一直到船尾，上面有头等舱

豪华旅游船

和二等舱两层客舱。客舱之上是一个露天甲板，带有条凳，供游览者坐。虽然“圣菲利贝尔”号的蒸汽机功率不是很大，它的烟囱却高于甲板8米。这连同高高矗立的售票亭式的操舵室使轮船像一只拖轮。

别看“圣菲利贝尔”号的尺寸和吨位不大，它却持有运载500名乘客的证书。怎么会给如此小的船发这样的证书呢？这个问题现在未必有人能做出回答。法国至今仍竭力避而不谈这一悲伤的事件，因为这个灾难是法国航运史上最黑暗的一页。

轮船公司的老板们很清楚，当“圣菲利贝尔”启程离港、乘客们聚在一侧船舷看送行的人时，船向这一侧的倾斜达到了10°。可是“圣菲利贝尔”号基本上是沿河航行，所以船级协会“维里塔斯委员会”容忍了这一点。

8年来，“圣菲利贝尔”号承担着南特－圣纳泽尔的定期客运工作。

1931年的一个夏日，南特一家织布厂的管理处向“圣菲利贝尔”号的主人请求，在6月15日星期天租船旅游努瓦穆蒂埃——一座风景如画位于比斯开湾的大岛，离卢瓦尔河口5海里，因生长着橡树林和金合欢而出名。南特航运公司同意取消该船的一天航班，并售给工厂管理处500张船票。

7点整，跳板收起，“圣菲利贝尔”号离开码头。经过3.5小时的航行，船在圣纳泽尔做了短暂停留，然后又顺河而下。这时东南风转成南风并加强了，轮船还未驶入海湾，在卢瓦河高高掀起的浊浪中就摇摆起来，许多参观者开始晕船。

2小时后，船终于在努瓦穆蒂埃岛的木制纵向码头上靠岸。乘客们拿起装食物的篮子和毯子，有的去努瓦穆蒂埃的橡树林里去野餐，有的去采金合欢。约3小时过去了。中午时分，南风强烈起来，“圣菲利贝尔”号的船长奥利夫急着返航了。

约有30名乘客在从圣纳泽尔来的途中就呕吐了。他们宁愿留在岛上，决定等潮落后，沿着连接岛与大陆的狭窄堤坝步行回家。

船离开码头后，风向已偏西。风赶着云层由比斯开湾刮向河口。天气状况时刻在恶化。船一离开岛的遮挡，风就猛烈地吹到左舷上。浪头扯碎的白沫飞过舷墙，打上船舱的舷窗。

轮船摇晃得越来越厉害。“圣菲利贝尔”号因吃水不深和甲板上的上层建筑很高而被风压偏航。虽然蒸汽机在极速旋转，但船保持原来的航线却愈来愈困难。

努瓦穆蒂埃岛的北端离卢瓦尔河口湾南边的圣日尔德岬的距离相对不远。“圣菲利贝尔”号只要绕过此岬，就能获得艉风，并在它的推动下迅速驶入河口。然而轮船在绕行圣日尔德岬时，船左舷已完全置于风的劲吹之下，因而倾斜得更严重了。大浪打碎了头等舱的几块玻璃。里面的乘客吓得跑出舱外，来到下风舷的甲板。这足以让已向右舷倾斜的轮船进一步倾倒，并已正不起身了。

滔天巨浪

“圣菲利贝尔”号侧卧水中，被冲来的大浪淹没，不到一分钟就沉入了水底……刚刚还载着500名乘客的轮船所在地，浪头翻滚，大风依旧。

后来在分析惨剧发生的原因时，圣日尔德岬上救生站的一个观测员报告说：“我用望远镜观察着这艘船。它驶近夏特尔浅滩的浮标时，我瞬间将目光转向旁边。我强调一遍，是瞬间！当我再看那个地方，船已经没了。这片海湾荒无一人，所看到的只是大浪。我起初以为，船是隐没在浪花的飞沫中，可实际上它已消失在大浪中……”

“圣菲利贝尔”号在圣日尔德岬附近夏特尔浅滩的浮标之间沉没，距离圣纳泽尔西南约有8海里。救援人员半小时后赶到，但只救起7人。领港艇从水中拉起6人，他们抱着一个从甲板上冲下来的木凳在漂浮。后从圣纳泽尔开来的拖轮从浮标上又救起1人。

整个夜晚，南特航运公司的大楼前人声鼎沸。死难者的家属要求船主们为他们的妻子、父亲、孩子的死负责。为什么让内河船去比斯开湾？为什么船上既无救生艇，也无救生圈？为什么船长奥利夫不等恶劣天气过去而急于返航？500名乘客的下落在哪里？

南特航运公司的老板们回答不了所有这些“为什么”和“在哪里”。法国航运部长本人也给不出答案,他们唯一能做的是正式宣布,“圣菲利贝尔”号是遇飑而翻沉,有342人遇难。然而这都是谎言。

南特织布厂的统计更为精确。已经弄清楚，船上卖出整整500张票，岛上留下了28人。7岁以下的儿童免票，而大部分旅游者上岛时都带着孩子。这一点很快就被悲惨的事实所证实：三天后，比斯开湾的潮水冲上奥莱龙岛、费岛，以及圣日尔德岬近100具童尸。

几个月后，南特和圣纳泽尔的骚动平息下来，法国航运部更正了自己的声明。它宣布惨剧中死亡的人数是462名。这一数字是通过计算卖出的票(500张)、轮船上的船员(7人)、留在岛上的旅游者(28人)和获救者(7人)而得出的。然而这仍然不是死亡人员的准确数字。

消失在风浪中的“维多利亚女王”号

1953年1月31日早晨，按照运行表，“维多利亚女王”号应该

比斯开湾

例行出航，大部分乘客是坐夜间火车从伦敦抵达斯特兰拉尔的。早上天气突然变坏，大海的上空阴云密布，风撕扯着浪头。在规定离港时间之前2小时，船长詹姆士·弗格森从气象员那儿得到天气预报，说“维多利亚女王”号途经的马林和洛赫赖安附近会有烈风(9级)，并将转成和风(4级)到强风(6级)的西北风。

7点45分，“维多利亚女王”号鸣响开船的汽笛，启碇离开码头。除了乘客之外，船上还有49名乘务员。渡船的此次不幸航行就这样开始了……

过了整整2个小时，最近的无线电台和附近的船只听到空中发来了紧急信号TTT:“‘维多利亚女王’号。我在洛赫赖安的海湾口附近漂移。船已失控。需要拖轮立即救援。”这似乎有点奇怪，因为9点40分时，岸上还看到渡轮逆风慢慢地在朝北行驶。

苏格兰皇家海军司令收到紧急报告后，命令在格里诺克升火待发的“争夺”号驱逐舰的指挥员立即前去救援。

海上离“维多利亚女王”号最近的是在基尔布兰楠海湾狭口的“萨尔维德”号。它收到渡船的消息后，立即改变了航线。

在正常的天气里，“争夺”号能在1小时内驶至“维多利亚女王”号，可是现在，因为浪大，它不得不把航速降为中速乃至更低。它将只能在13点前到达。“萨尔维德”号也被迫降低了航速。

10点32分，空中传来呼救信号:“SOS，SOS，SOS。‘维多利亚女王’号在科苏奥尔西北4海里处。汽车甲板已沉入水中，船严重右倾，需要立即救援，船已失控。”

这时渡船上到底发生了什么事？为什么船要通过无线电呼救？

“维多利亚女王”号在驶出洛赫赖安海湾进入公海后，碰到了迎面刮来的北风，风速达每小时75~80海里。船向北航行时，浪打在渡船的船头上。然而渡船刚一转向新航向，浪便打在船尾上了。

现今的“维多利亚女王”号游轮

几分钟后，艉门在海水的冲击下，几乎被完全打开，水涌上了汽车甲板。这艘船的汽车甲板在结构上也有个新发明：风浪排水孔的数量和大小都减到了最小限度。水来不及从排水孔流走，1米高的浪翻滚到甲板上，聚在船的右舷，船有10° 的倾斜。

情况严峻起来，船长弗格森被迫发出SOS。上午10点后，水开始通过太平门流入客舱。

如果仅是汽车甲板被淹没，“维多利亚女王”号也能一直保持漂浮着，至少漂浮的时间要长得多。

13点8分，船长弗格森报告：“马上停顿工作。渡船已侧翻，准备弃船。”

这时船的右倾已达45°，右舷的救生艇已经无法放下。渡船上共有6只铁制救生艇，左右船舷各3只，能载乘客330人。在船倾斜的情况下，要放下左舷的救生艇需要冒生命危险，然而船长弗格森已经别无选择。很明显，他对救援失去了希望，并且预料船随时会龙骨朝上翻没，于是下令放救生艇。

4号艇里安置的是妇女和儿童。可是它刚一入水，一个浪头就将它重重地撞上渡船的船舷。里面几乎所有的人都被抛入海中……

13点54分，正当赶来救援的人们在洛赫赖安和科苏奥尔附近仔细寻找“维多利亚女王”号时，弗格森出乎意料地向空中发出：“据判定，我们的地点在贝尔法斯特海湾科普伦德入口以东5海里处。”

原来，船长本人也不知道自己船的坐标。人们在苏格兰沿岸找他的船，而船却在北爱尔兰沿海下沉。结果，从发出的第一个紧急信号到13点54分发出的信号为止，“维多利亚女王”号漂着穿过了整个北海海峡，来到贝尔法斯特附近。

13点58分，前去救援的船只收到“维多利亚女王”号的最后报告：“船已侧翻。机舱沉没。我们正在弃船。”此后，同渡船的无线电联系停止了。根据“指定的地址”，救生船仍未找到“维多利亚女王”号。“争夺”号驱逐舰和“萨尔维德”号救生船雷达的指示屏上，没有任何一只该地区船只的回波信号。海面上既看不到救生艇，也看不到漂浮的碎片。这就是说，弗格森给的地点又错了。只是当“奥奇”号船先向北、后向北－东北行驶几海里后，救援者才最终找到渡船的准确位置，而此时它已沉没了。水面上漂着碎片、救生圈、长凳、翻了的救生艇。悲剧发生在米尤岛以北－东北不到5海里的地方。

“奥奇”号向在13点40分从

船只携带的救生艇

邓纳哈迪下水的救生艇的船长报告了渡船沉没地点的坐标。“维多利亚女王”号沉没后，仍漂浮在水面上的所有人基本上都是这只小艇救起的。29人在6号艇，1人在5号艇，1人在救生凳上。他们在15点30分——渡船沉没半小时后被找到。后到的“争夺”号驱逐舰从2号艇上救起6人，又从浮凳上救起2人。“东科阿茨”号渔船救起1人，捞起6具尸体。还有2人被迟到的、从波特帕特里克驶出的小艇上的救生者们从浮凳上救起。最后抵达的是第一个收到SOS信号的“萨尔维德”号。此次救援总共救起了43人：33名乘客和10名乘务员。获救者当中既没有船长弗格森，也没有报务员布罗德富特。这样，渡船上176人中有133人丧生，并且没有1名妇女和儿童得救。

葬身南海的“爪哇海”号

“爪哇海”号是由美国建造的一艘钻井船。1982年9月，我国海洋石油总公司与美国阿特石油公司签订了合作开发我国南海石油和天然气的合同。“爪哇海”号租给了阿特石油公司，并于1983年3月驶抵我国三亚港。

你知道吗

“爪哇海”号

“爪哇海”号是一艘自航式钻井船，1974年建造于美国，隶属于美国得克萨斯州环球海运公司。该船长120.2米，宽19.8米，最大吃水6.4米，排水量1.1302万吨，双轴螺旋桨，航速10节，有10个各重13.6吨的大锚，设计工作水深305米，钻井能力为7620米，抗风力12级以上。由于它设备先进，工作效率高，能在各种条件下作业，因此，船东自豪地称它为“全天候钻井船”。它曾先后在美国、墨西哥、委内瑞拉等海域钻探作业，共打了70多口井，为海底石油的开发立下了汗马功劳。

1983年8月，检修一新的“爪哇海”号钻井船进入了我国南海的莺歌海“乐支30-1-1井位”，开始了紧张的钻探作业，我国南海西部石油公司工作船“南海205”号担负现场配合“爪哇海”号作业的任务。

10月22日，即16号强台风形成后的第二天，“南海205”号带着淡水、燃油和食品等货物靠泊“爪哇海”号补给，并通报了16号台风的位置和趋向，建议收桩返港避风。可高傲自负的“爪哇海”号船长大言不惭地说：“我们美国钻井船是不怕台风的。”在劝告无效后，“南海205”号只好“舍命陪君子”——在“爪哇海”号的侧后方下了锚。

10月23日，“爪哇海”号船长再次接到了台风通报的电文：“中国第16号台风正向你船所在的方位移动，台风中心最大风力12级以上”，但他不仅不为之所动，反而

船舶的避风港湾

下令继续作业。

10月25日凌晨，莺歌海上的风力逐渐增强到9级，显然，台风的前锋已经到达：排排涌浪张牙舞爪地扑向处在台风进路正前方的“爪哇海”号钻井船和“南海205”号工作船，滂沱大雨从天而降，海上一片混浊。中午时分，16号强台风以难以阻挡之势向无遮无挡的两船锚泊区扑来，奔腾咆哮的惊涛骇浪席卷着海上的一切。仅有5000余吨的“南海205”号在剧烈的摇摆下，部分电灯震碎，物品移动，船员几乎全部晕船呕吐。在艰难危险的境况下，船员们仍然关心着“爪哇海”号的安全，船长余德莱不时地用无线电话询问“爪哇海”号的情况。“爪哇海”号船长和中方随船人员也惦记着“南海205”号的安全，几次来电询问“南海205”号有什么要求。

25日19时，“爪哇海”号虽抛下了9只重锚（钢缆粗70~76毫米），庞大的船体仍摇晃不停，摇摆度达9°~10°。在风力继续增大，船、人面临严重困境的时候，自负的船长还没有准备抗台，也没有下达停工抗台的指令，只是下令驾驶员开车顶浪。21时10分，风速增至40米／秒，风力12级以上，浪高达13米，几根碗口粗的锚缆被崩断。这时，“爪哇海”号船长才意识到问题严重，他语气紧张地向“南海205”号通告：“我船摇摆度增至30°，餐厅盆碗摔落。”23时15分，“南海205”号把刚抄收到的海南气象台发布的台风最新位置通报给“爪哇海”号，不久，“爪哇海”号报告：船体右舷的第六舱与第七舱之间的舷板出现一道大裂缝，海水迅猛地涌进了这两个舱。接着又报告：主机发生故障，探纵失控……

26日0时起，“南海205”号就再也没有听到来自“爪哇海”号的消息了。原是一片灯光的锚泊区，此时已灯灭影消，由此推断：“爪哇海”号可能是在操纵失控后，船体打横，向右倾斜，最后倾覆沉没。而吨位小得多的“南海205”号由于采取了机动抗台的措施，反而安然无恙。

海上钻井船

事故刚发生，我国有关部门就立即组织舰艇、船只和飞机，冒着8~9级的大风进行搜寻。在短短的几天里，先后出动了22艘舰船和6架飞机，在6300平方千米的海域内进行搜寻,除了捞起一些漂浮物外，没有发现人、船的踪影。最后经过声呐探测、潜水探摸和水下录像，证实“爪哇海”号沉没在94米深的海底，沉没点为北纬17°17′49″，东经108°56′29″，距原井位西南方275米。全船81人(中方35名，美方37名，其他国家9名)无一人幸免。

“爪哇海”号的沉没，是一起国际上罕见的海难事故，它引起了世界航运界极大的震动，各国电台和报纸纷纷对此事做了报道。在推测事故原因时，人们还就美国环球海运公司和阿特石油公司的能力表示怀疑。为了弄清事故真相，美国专门租借了一艘外籍勘察船——“史密斯·马克拉”号赶赴出事海区，并由美国国家运输安全委员会组成了一个调查组，云集了各方面的专家和权威，花了近一年时间，终于查清了事故原因，并写出了一份长达77页的事故报告。

调查后，运输安全委员会认为：发生这一悲惨事件的原因，主要是船长思想上盲目自信，不按客观规律办事，一意孤行，指挥不当。

“亚历山大·基兰”号平台沉入大海

地处英国、挪威之间的北海油

海上石油平台

田，高耸着无数的钻井平台，它们如楼房、工厂，鳞次栉比，绵延至千里。在油田南部的埃克菲斯克作业区,有一座引人注目的人工岛——“亚历山大·基兰”号平台，这座长宽各为99米、高达100米、总排水量1.5万吨的半潜式平台，由5根巨大的立柱支撑着，平台上共有4层上层建筑，100多个房间可容500人住宿,还设有游乐场、电影院、餐厅和蒸汽浴室；顶部甲板上的直升飞机平台，其面积竟比足球场还大，平台一侧有一座重达200吨的钻塔直刺蓝天,整座平台装备先进，气势巍峨。该平台于1976年由法国建成后交挪威使用，造价高达2亿法郎，素有“海上旅馆”之美称。该平台有职工212人，作业海域水深77米，日产原油53.6万桶。

1979年3月27日傍晚，突起的10级狂风掀起的滔天巨浪扑向北海油田，扑向“亚历山大·基兰”号平台。平台上的职工对这种险恶的气候早已习以为常了——当班的职工在密闭的操纵室里操纵着新式机械下钻、输油和储气，不当班的职工或洗澡，或就餐，或看电影，生活的节奏像往常一样有条不紊地进行着。

然而，天有不测风云，今天的气候似乎特别得恶劣，奔腾咆哮的巨浪一个接着一个。18时28分，又一排巨浪扑来，平台的灾难降临了：它先是一阵痛苦的颤抖，紧接着发出了两声沉闷的轰响。刹那间，电灯熄灭，钻机停钻，刺耳的警报声急促地响起，人们呼喊奔走着，平台上一片混乱。突然，“咔嚓”一声，平台北侧的一根立柱发生断裂，立柱的上半截随声插入海中，自此，平台的庞大身躯开始向北倾塌，5分钟后，倾斜角达20°，而后是30°。随着平台的不断倾斜，它上面的机件仪器和桌椅箱柜相继开始滑动，厨房里的盆碗及娱乐室里的器械乒乒乓乓地向外翻滚，餐桌和一些笨重器械以不可阻挡之势撞开板壁、冲破护栏后，掉落深海。当平台倾斜到45°时，惊恐的人们已无法在甲板上站立，这突如其来的灾难使他们来不及穿上救生衣，更来不及吊放救生艇，走投无路的人们只好不顾一切地跳进那冰冷的海水中以求得一线生的希望。

石油平台

19时12分，“亚历山大·基兰”号又发生一阵猛烈颤抖，紧接着“哗啦”一阵声响，平台的整个上层建筑就倒扣在汹涌的海浪之中了，而残剩的4根立柱则孤零零地显露在波涛之上。

狂风还在怒吼，海浪还在咆哮……

在平台翻倾的紧要关头里，没有及时冲出房门的职工随同平台一起葬身于海底，而那些舍命跳海或被平台上物体推滑下海的人大多数被漩涡卷走，侥幸冒出水面者则拼命在风浪中挣扎着向附近其他的采油平台游去……

位于“亚历山大·基兰”号西侧的“赫姆斯”号平台上的职工听到了“亚历山大·基兰”号倒塌时的轰响声，而后又通过夜视镜看到了残存的支柱和支柱附近的残缺漂浮物，他们迅速发出了“SOS”国际求救信号，并持续不断地向有关当局报告眼前的悲惨情景。

不幸的消息随着无线电波迅速传遍英国、挪威，传到全世界。当日19时，英国皇家空军某基地塔台发出“紧急起飞”的命令，5分钟后，一架直升机腾空而起；几乎同时，在挪威的索拉空军基地，两架直升机也应命冲向夜空。正在埃科菲斯克作业区附近航行的船只，也纷纷赶往出事海区，不到6小时，先后有81艘各类型船只到达“亚历山大·基兰”号平台遇难海区。它们开着探照灯，以“S”字形前进，规避着在海面上漂浮着的井架残骸，全力营救遇难落水的平台职工。

设在索拉的挪威营救协调中心直接指挥海上和空中的救助行动，用高频电话不时通报情况和下达指令，有关医院也迅速做好了抢救、接待海难伤员的准备工作。

此时的埃科菲斯克作业区，飞机轰鸣，船只往返，照明弹和探照灯把漆黑的夜海照得如同白昼。救助者不顾风大浪急和天寒水冷，细心地、不厌其烦地在海面上往返搜寻，直到3月29日黄昏，确认海上再也没有遇难者后，搜寻工作才告结束。通过两天的全力搜寻，共救出遇难者89人，另有123人死亡或失踪，这些死难者大多数是挪威人。事后，索拉市等地方当局为这批以身殉职者举行了隆重的葬礼，电台也播放了哀乐。

当幸存者还未全部上岸时，挪威政府就成立了一个事故调查委员会，开始对事故原因进行调查，不久，又把倒塌的平台拖回挪威海滩进行检查。经多方分析鉴定：立柱之所以发生断裂，是因为不久前在它上面打了一个直径为29厘米的洞（这个洞是用来安装一个电子设备的）以及金属疲劳，加上大风浪影响所造成的。

“亚历山大·基兰”号平台的失事，促使世界各国对各种海上平台进行检查加固，以防止在今后再发生类似的事故。

“翡翠海”轮突然下沉

1998 年 2 月 7 日黄昏，中国南海阴风朔朔，雾雨飘飘，一艘中国货船驶进了海面的中央区域。船舷上赫然几个大字“翡翠海”仍然清晰可见。该船在印度某港装上了2.75万吨进口矿粉，此刻正欲绕南海驶往中国南京港，再有 7 天，货船就可到达长江口了。晚饭后，老轨（轮机长）、二轨、三轨、机工长、大厨等船员打了会儿扑克，之后在看录像时，当班的四轨神情有些紧张地从机舱上来小声跟二轨说了几句话就离开了，二轨立即下机舱检查，回来时约21时40分，他告诉老轨说：主机机油循环油柜油位下落得较快。老轨与二轨、三轨、机工长一起下机舱检查，确认主机机油油位下降约 30 厘米，但并未发现漏油现象。二轨说：油舱的量油孔也在机舱里，三轨于是拿量油尺去测量，发现油位下降，就立即跑到集控室将此情况报告老轨。老轨当即打电话到驾驶台交代了几句话后。又叫三轨再开另一部发电机（平时只开一部），并嘱咐说“等会儿排水”。此时机

海上平台事故

海上巨浪

舱里的大厨去甲板上倒水，回来说："船头好像有一点往下沉"。

你知道吗

南海

南海，是中国南部的边缘海，汉代、南北朝时称为涨海、沸海，唐代以后逐渐改称南海，是亚洲三大边缘海之一，南海是中国最深、最大的海，也是仅次于珊瑚海和阿拉伯海的世界第三大陆缘海。南海位居太平洋和印度洋之间的航运要冲，在经济上、国防上都具有重要的意义。

一名水手常在晚饭后看会儿录像，但相比之下，他更愿意用书打发寂寞，便先回到自己的房间，一边做颈椎牵引，一边看一本小说。刚看一会儿，木匠来对他说：船长让派一个人与木匠一起去前面量水。他便马上穿上雨衣与木匠走到甲板上一舱与二舱的交界处，但因涌浪上来，无法量水，同时他俩发现甲板上的水逐步往后移，立即上驾驶台报告船长，当时船长、二副、三副、报务员及值班水手等都在驾驶台。

由于出现了异常情况，从22时14分起"翡翠海"轮曾三次申请与青远公司总部通话，一直未通，直到22时20分第四次申请通话成功，船长郭林向公司调度室值班调度姚立宪报告"气象骤变，狂风大浪，船位09.30N.110.30E，发现一舱进水，船艏下沉"，刚说到此，电话就中断了，随后改用在甚高频电话16频道上发出求救信号。与此同时，由营口鲅鱼圈驶往雅加达的"青云"轮在08.54N.110.36E处从同一频道上收到了遇险呼叫："MAYDAYMAYDAY……I'MSINKING……PLSITIONO9.30N，110.30E……"（我轮正在……09.30N.110.30E处……下沉）。由于噪音干扰，"青云"轮没能听到船名。船长马玉愧凭呼叫者的发音判断，遇险船可能是中国船，即在同一频道上直接用中文喊"刚才遇险呼叫的是不是中国船，我是中国船'青云'"。"'××海'请你们再回应，再回应……"然而再也没有传来任何声音，信息中断了。此时，马船长命令三副通知政委、电报员等有关人员上驾驶台，决定立即往出事地点实施救助。据“青云”轮记载，当时东北风6～7级，大浪浪高3～4米，涌向从东北向西南，并伴有大暴雨。

22时25分，两船终于再次取得联系。由于听不清船名，“青云”轮问“你船呼号是什么”，“翡翠海”轮回答“我船轮呼号B—O—C”。根据呼号，“青云”轮查表确认遇险船是青远公司的“翡翠海”轮。

22时30分，“青云”轮掉头完毕，改驶航向356。“青云”轮再次了解“翡翠海”轮情况，得知“船正在下沉”，船位为“09.30N，110.30E”。随后“青云”轮告诉“翡翠海”轮：“我是‘青云’，距你船大约30海里，正在驶向你船。”

22时35分，“青云”轮与“翡翠海”轮再度失去了联系。

约22时35分，“翡翠海”轮弃船警报拉响，驾助通知水手长放救生艇。

听到警报，机工长、三轨回房间穿救生衣；大厨从伙房回房间穿救生衣；水手长在一层走廊上告诉水手们“一定穿好救生衣，这一次是真格的”。

随即，水手长与二轨、三轨、大副、两名水手等八九个人到达左舷救生艇边放艇。此时艏楼已在水中，能看到后面几个舱盖。放艇过程中，三轨、机工长、大厨等听到一声巨响；水手长看到一个舱盖鼓起来，未能确定是哪一舱的舱盖。水手长敲开前稳艇索钩，另一头未来得及打开，一个大水柱将船员打入水中，待水手长、三轨、机工长和大厨从水中浮起时，已不见大船。

22时39分6秒，青远公司与“翡翠海”轮接通电话，船长讲“正准备弃船”；22时39分49秒通话就中断了。

事故发生后，交通部及时向国务院做了报告。黄镇东部长和刘松金副部长对这起事故非常重视，亲自组织和指挥海上搜救，部署事故调查处理工作。中远集团及青岛远

海上巨轮

洋运输公司在事故发生后，立即成立了34个善后工作小组，三人一组，深入到每一家庭开展积极细致的工作，并做好事故的善后处理。

经与劳动部协商，由交通部牵头，劳动部、监察部和中国海员工会派员参加，很快组成了“翡翠海”轮事故调查组。由于“翡翠海”轮事故只有4名船员生还，且都不是驾驶人员和当班船员，事故原因的调查和分析十分困难。调查组克服困难，本着客观、严肃、认真、科学和实事求是的原则，对事故进行了全面的调查，取得了与事故有关的客观证据。经过认真分析，形成了《关于“翡翠海”轮沉没事故的调查报告》。

调查组得出的结论是这样的：“翡翠海”在航行期间受到6～7级东北风、3～4米大浪及东北季风长期作用下形成的东北－西南向涌浪的影响，由于船舶老化及可能存在的潜在缺陷，致使船舶部一舱或一、二舱结合部船壳破损，船舱大量进水，并向后波及邻舱，船舶迅速失去浮力，船艏向下急剧沉没。这是一起非责任重大事故。

第二节　其他海灾引起的海难

"良荣丸"漂流太平洋 330 天

1927 年 10 月 31 日中午，从西雅图开出的美国货轮"麦加勒特·达拉号"通过胡安—德富卡海峡，进入太平洋。站在驾驶台上的船长比姆发现前方漂流着一叶小舟，靠近之后，见其甲板上既无人影，也无动静，两根船桅上也没有一片风帆。比姆船长感到奇怪，命令几名船员前去察看。

几名船员踏上这艘小船的甲板，眼前的情景使他们惊呆了：两具干枯的木乃伊样的尸体横卧在甲板上，另外还有一堆散乱的白骨，船上没有活着的船员。

"麦加勒特·达拉号"把小船拖到附近的一个港口，请警察调查处置。警察在小船上找到了全体船员的遗书和航海日志，从而判明它是一艘日本小渔船，船名是"良荣丸"。

行驶在海面上的小渔船

避风港的船只

你知道吗

“良荣丸”号

“良荣丸”是日本和歌山县西牟娄群和深村的一条小型机动渔船，排水量19吨。1926年9月14日从田子港出航，到三崎附近的渔场打鱼，12月初因遇大风而进姚子港避风，12月7日在姚子港海面失踪。

日本驻西雅图领事河村闻讯赶到现场，比姆船长把12名日本船员的遗书移交给他。遗书写在一块长90厘米、宽15厘米的松木板上，上面写着全体船员的姓名，另外还有简单的记事：大正15年(1926年)12月5日，从神奈川县三崎港出航捕鱼，因机器故障而漂流，1石6斗白米使全体人员活命至今，勇敢战斗至死，大正16年3月6日。通过用生命写下的悲壮的字字句句，才解开了“良荣丸”失踪之谜。

“良荣丸”上有3个笔记本，作为航海日志由值班员每日记载。1926年12月5日从三崎港出发至次年3月17日，由船员井泽舍次填写，以后由松本源之助续写。

人们通过航海日志和遗书，了解了“良荣丸”为什么无力返回日本以及这100多天里发生的事情。原来“良荣丸”在姚子港避风时，正逢低气压经过，天气转好后，渔船于12月7日出港。8日，北海道东北方产生990百帕的低气压，中国的东北是1040百帕的高气压，在这种天气形势的配合下，形成东西向气流。

11日，“良荣丸”顶着西风回港，途中主机曲柄轴断裂，使渔船失去机动能力，只能靠两张辅助帆航行。接着，一连几日受东风、西风和无风的反复折腾，不得已的情况下，船长决定向东方漂流。

12月18日推定船位在金华山海面，由于连续刮西北风，渔船无法西行，选择了向南方的八丈岛漂流。但经过几天的努力，离八丈岛仍有500海里，不得已才向东漂流。当时，西太平洋连续西风，有助于渔船向美洲方向漂移。

在烟波浩瀚的太平洋上，小小的渔船难以被来往于航线上的轮船发现。1、2月份，太平洋上西风强大，渔船顺利东漂，但到了太平洋中部，西风减弱，东行困难。3~5月，渔船处在太平洋高压圈内，在夏威夷以北转圈。

6月以后，船上人员全部死亡，其中两人在高温的海面上晒成了干尸。无人船从此便沿着一条难以猜测的曲折航路漂到了太平洋彼岸，直到被发现。小小的渔船在太平洋上漂流了330天，横渡了整个太平洋，这是漂流中的奇迹。仅靠一石六斗粮食，12名船员在海上坚持生活了150天，这也是奇迹。“良荣丸”船体最后在美国烧毁，船员的遗骨

烟波浩瀚的太平洋

送回日本安葬，并在和歌山县立碑纪念。

“阿玛索卡”号的毁灭

1850年，英格兰的另外一家大型航运公司“皇家麦伊尔邮船公司”在布莱古奥列的造船厂订制了一艘大型的装有明轮的木制轮船。

这艘新造的木制轮船于1851年6月28日离开船台下水，取名为“阿玛索卡”号。它的木制船体长91米，船体最宽处有12.5米。船上装有一台蒸汽发动机，这是当时的人们完全能接受的。除此之外，船上还装有全套的风帆设备。

1852年1月2日下午3点30分，“阿玛索卡”号载着邮件、特别指定的贵重货物、52名乘客和110名船员，驶离了南安普敦港。在波特兰－比尔海角附近，“阿玛索卡”号遇到了西南向的风暴。船上的蒸汽发动机只好开足马力，以对抗风暴的袭击。然而几个小时之后，发动机的轴承便开始发热，轮机手们只好隔一段时间便关上发动机，让轴承冷却下来。

1月4日清晨3点左右，在一个大海浪拍打过轮船后，“阿玛索卡”号上的二副特留乌伊克，走到烟囱后面“喘一口气”，他刚在明轮罩之间的露天驾驶台上值完夜班。正当他系紧带帽雨衣的细绳时，他的心脏突然剧烈地跳动起来，因为他看见从烟囱后面轮机舱的照明舱口里钻出橙黄色的火舌。他叫来值班的水手，派他去轮机舱查清出了什么事，并叫他马上叫醒船长。

船长萨曼斯跑到驾驶台上后，向全船发出了火警，并命令关闭所有客舱和走廊的门，以免乘客们跑到甲板上来。轮机舱里什么也看不见，刺鼻的黑烟充满了轮机舱，火苗正在里面的某个地方熊熊燃烧。第四轮机手斯通想关闭蒸汽发动机，但大火和浓烟让他无法靠近机器。当轮机长从船舱里跑来时，火焰已包围了整个蒸汽发动机。待在轮机舱里的所有人只好逃到甲板上。

风助火势，从轮船里面开始燃烧起来的大火很快就烧得更旺了。10分钟后，火势从轮机舱蔓延到了甲板，烧着了船上涂满树脂的绳索。在轮船底部的某个地方，装满机油的木桶由于受热而爆炸了，木桶里的机油洒到了底层甲板上，这些机油又成了大火丰富的燃料。

船长萨曼斯发现，大火已无法扑灭，而惊慌已使这些出色的水手难以接受指挥，他决定试一试，哪怕只救出一些妇女和儿童也好。上

海上货轮

面已讲到，人们无法关闭“阿玛索卡”号上的蒸汽发动机。所以轮船仍迎风破浪向前行驶，它在风暴掀起的巨浪上猛烈地颠簸着。所幸船上的舵还很好使，船还能拐弯。船长下令“阿玛索卡”号顺风行驶，让风把火吹向船头。“阿玛索卡”号的半个船身已被大火包围，船上的舵手向一侧船舷转舵，轮船开始拐弯，但船体却向一侧倾斜得厉害，舷墙里差点灌进海水。拐弯后，“阿玛索卡”号的船体不再倾斜，它以更快的速度顺风向前急驶——火苗都被风吹向了前甲板。

终于被大火烧毁了的蒸汽发动机停了下来，人们将剩下的五艘小艇从“阿玛索卡”号上放下了水。据后来获悉，当时船长萨曼斯并没有打算逃生，他留在了轮船上。

在夜色中，一条火焰从“阿玛索卡”号的中部腾空而起，随后海面上传来了轰隆的爆炸声，桅杆一个接一个掉到船舷外，海浪上空飞起一股股火花。这是船上的火药爆炸了。当时在大西洋的欧洲海岸海盗还很猖獗，为了抵御海盗的袭击，在“阿玛索卡”号上装备了一门短程大炮，这些火药便是这门大炮的弹药。现在看来，这些火药已足以将“阿玛索卡”号彻底毁灭了。“阿玛索卡”嗞嗞响着沉入了大海深处。

此次事件中，共有 162 人乘坐

发生事故的船舶

“阿玛索卡”号出海，幸免于难的有 58 人。基中 7 人后来死在岸上，11 人因此海难而精神失常。

你知道吗

巡洋舰

巡洋舰是一种火力强、用途多，主要是在远洋活动的大型水面舰艇。巡洋舰装备有较强的进攻和防御型武器，具有较高的航速和适航性，能在恶劣气候条件下长时间进行远洋作战。一般用于护航、炮击敌舰船和岸上目标，支援登陆兵作战等。它的主要任务是为航空母舰和战列舰护航，或者作为编队旗舰组成海上机动编队，攻击敌方水面舰艇、潜艇或岸上目标。

海啸吞没“基阿娜”号巡洋舰

海洋中发生地震会引起可怕的海啸，掀起狂涛巨澜的海啸破坏力极大，它不仅能摧毁岸边的港口和城市，也会使停泊在港湾中的舰船倾覆沉没。俄国三桅巡洋舰“基阿娜”号就是在一次海啸中葬身海底的。

1853 年 9 月底，“基阿娜”号奉命由欧洲波罗的海的喀琅施塔得港驶往远东。这是一艘木制战舰，舰身包裹着铿亮的铜片，舰长 52.8 米，宽 13.5 米，底舱深 4 米。在当时来说，这已是一艘不小的巡洋舰。

当时在远东正值欧美资本主义国家用武力迫使落后的日本实行门户开放政策。1854 年 3 月，美国首先与日本签订了所谓《美日和好条约》，打开了日本的大门。俄、英、荷等国也接踵而至。俄国派出的谈判代表是海军中将普佳金。

1854 年 11 月 24 日，普佳金及其随员乘坐“基阿娜”号巡洋舰来到日本，停泊在下田港，等待日方谈判代表的到来。

双方谈判开始后的12月8日晚，海上突然刮起大风，“基阿娜”号投下了第二个锚，并放下了横桁和第二节桅。次日晨风小了一些，当时决定把战舰驶向港口东北部，以便修理损坏的索具。

三桅巡洋舰

12月11日清晨，水兵们感到舰身在剧烈地震动，可是一时又查不出原因。几分钟后，靠近城市的海水仿佛像开锅一样沸腾起来。流向港湾中的河水突然猛涨，海浪也咆哮着扑向海岸，在海岛和海角之间形成了巨大的漩涡。在港口附近停泊的帆船，被一股巨大的力量推着溯河而上。接着水位又突然下降。于是，巡洋舰又投下了一个锚。不久，海水又重新涌来。巡洋舰被推得一会儿向里，一会儿向外，不停地乱转。潮水忽涨忽落，形成了巨大的漩涡。舰上的人谁也不清楚到底发生了什么事情。在这种疯狂的旋转中，采取任何措施都无济于事。人们都屏住呼吸，等待大祸降临。此刻，铁锚已不起作用。有几艘帆船撞在“基阿娜”号舰舷上，顿时成了碎片。

水兵们眼看着滔天大浪铺天盖地卷向城市。转眼间整个港口水面漂满了被击碎的房屋、木栅栏和帆船的碎片，到处都漂着人和动物的尸体。接着又是几个大浪，整个城市霎时变成了一片废墟。到处冒着烟，散发着硫黄的气味。巡洋舰犹如落进陷阱里的困兽，茫然地旋转着。这时舰长下了命令：“全体人员到甲板上去，拿着武器，关上舱口！”舰已经向左倾斜，搁在浅滩上。此时大海出现了瞬间的寂静，人们听到舰上所有装置都在嘎嘎作响。过了一会儿，潮水又把舰抬了起来。这时，已有1名水兵被摔死，2名摔成了重伤。

当官兵们镇定下来，想到应该检查一下底舱时，才发现海水已从舱底破口涌到舱口。于是，水兵们把所有的水泵都开动起来抽水。半天以后，巡洋舰慢慢地停靠在一块礁石旁，水兵们突然发现离舰舷不远处漂浮着本舰的一块龙骨碎片。原来战舰的龙骨断了，必须马上修理。可是，到哪里去修呢？眼前的城市已变成废墟，当时决定把战舰开到离下田港35海里的户田港。为了减轻负载，保证“基阿娜”号能顺利地航行，船上许多武器装备都卸到岸上。水兵们用帆布做成堵漏垫堵住船底的漏洞，这样漏水情况减轻了。他们又在岸上做了一个临

巡洋舰

时的舵，以替代已损坏的舵，然后升帆起航。这时又遇上了顶风，加上大浪，船很难前进。由于船只剧烈地摇晃，漏水情况又严重起来。夜幕降临了，抽水的水泵一个接一个地失灵。在这种情况下，普佳金要求日方帮助把“基阿娜”号拖到户田港。

1855 年 1 月 7 日清晨，日本征集了 100 多条帆船，开始拖巡洋舰，3 小时共拖了 5 海里。突然间，俄国水兵看到所有的帆船都丢下了巡洋舰，急忙地向外海驶去。原因很快弄清楚了，原来是又发生了地震。普佳金和士兵们也很快地撤到木筏上。

被遗弃的“基阿娜”号很快就翻掉了。当地震过去，海面平静的时候，人们已经看不到它的踪影。就这样，一艘制作精良、耗资颇巨的三桅巡洋舰被地震引起的强大海啸吞没了。

“威望”号油轮风中飘黑带

26 岁，对于一个人来说正当年，而对于一艘万吨油轮，特别是单壳油轮来说，则属于迟暮之年。八九十岁的老人，别说摔一跤，就是不小心划道口子，都可能有生命危险。

“威望”号油轮的沉没，正是如此。

2002年11月13日，“威望”号油轮满载7.7万吨重质燃料油，从欧洲北部立陶宛起航，前往新加坡，航行到西班牙西北部的加利西亚附近海域时，突然遭遇8级风暴。风浪中，一只集装箱被颠了下来，砸到油轮中部的左舷上，左舷被砸裂了一个35米长的大口子。船舱里的一部分燃料油随即哗啦哗啦地流了出来。船体失去平衡，倾斜25°，在海滩上搁浅。重质燃料油不停地流泻，毫无顾忌地随波逐流，很快就在海面上形成了一道宽5千米、长37千米的“黑色飘带”。

单壳油轮

国际组织将这一石油泄漏事故，列进了“有史以来十大损失最惨重事故清单”，排名第三，仅次于切尔诺贝利核泄漏、哥伦比亚号航天飞机失事。

加利西亚是西班牙17个自治区之一，位于伊比利亚半岛东北部，南部与葡萄牙接壤，西濒大西洋，北濒坎塔布连海。海岸线长达1498千米，是西班牙重要的海洋渔业、养殖业、旅游业等基地。

“威望”号发出呼救信号后，西班牙立即派出救援船只和直升机，将27名船员全部搭救到海岸上安全地带，并拘留了船长马格加夫拉基。

为了防止无人驾驶的“威望”号油轮沉没在西班牙近海，引起更加严重的环境污染，第二天，西班牙政府出动了4艘拖船，将“威望”号拖到了距离菲尼斯特雷角137海里的公海里，希望将“威望”号“拒之门外”。

19日，西班牙政府正准备用战斗机，将“威望”号炸沉以免继续漏油污染本国之时，“威望”号却因为几天的风浪冲击，于当天11时拦腰断裂，并于下午4时，全部沉入3500米的深海里，引发了更大规模的泄漏。

“威望”号的身世错综复杂，很难说清楚它是哪个国家的。

它悬挂的“方便旗”是巴哈马国旗，东家却是利比里亚的环球航运公司，管理者是希腊机构，船长马格加夫拉基也是希腊人，办公地点在雅典，而它的承租者是奥冠财源公司，办公室设在瑞士的楚格，

海上油轮

可是，这家公司却隶属于俄罗斯阿尔法集团，阿尔法集团主要经营的是工业生产和银行业，对于航运管理是个外行。

“威望”号泄漏事故发生后，许多专家对其沉没原因做了深入分析。归纳起来，主要有两个方面：

一是属于单壳油轮，船龄又高，不耐撞。“威望”号油轮已经航行26年，陈旧不堪。自从1999年检验过后，就再也没有检验过。而且，“威望”号是一艘单壳油轮，船体外蒙钢板仅有12厘米左右，经过多年的腐蚀，厚度只剩下10厘米。稍微夸张地说，对于这么一个海上庞然大物，好像用手指使劲一捅，就可以把船体外蒙钢板捅个窟窿。按照常规，这样的单壳油轮的使用寿命一般不超过15年。“威望”号泄漏，只是个时间问题。

据总部设在伦敦的国际海事组织提供的书面报告，目前，全世界超过万吨位的油轮3000多艘。“威望”号是10年内沉没的第4艘由日本制造的单壳油轮。20世纪70年代，日本为了迅速占领世界油轮市场，用尽可能快的速度、最低廉的价格赶造船只，全球1000多艘单壳油轮中，有300多艘产自日本，其中3艘分别于1992年、1993年、1999年沉没。

对于一艘数万吨的油轮，十几厘米的外蒙钢板，一如巨轮蒙上牛皮纸那样，危险性显而易见。为什么船东要买这种事故频出的单壳油轮呢？中国船舶工业协会会长王荣生认为，主要是受到经济利益驱动。“双壳船的造价一次投入比单壳船肯定要贵，为什么呢？它多用了材料和相应的设备。第二个，油船造出来以后，装载量相应来看，吨千米的效益可能在不变价格的情况下，效益要低一点，投入比较大。因此，船东对这个问题有所考虑的。但由于油轮‘身体状况’的原因，单壳油轮的失事率比双壳油轮高出5倍。”

二是“方便旗”制度隐患多。中国海事局船舶监督管理处处长智光路介绍说，从船舶登记角度来讲的话，可以分成两种类型：一种是严格登记制国家；另一种是开放登记制国家。从船舶登记来讲，如果是严格登记制国家，对于船舶的登记有严格的要求：一个是本国的公司在船舶公司投资资本所占的比例问题；另一个是对船员的要求，比如是不是一定要求本国的船员。中国就是一个严格登记的国家，对于投资比例按照严格的规定，如果是外方投资这个公司，比例不能高过50%，中方一定要控制股份。从船员的要求来讲，在中国登记的船舶一定是中国的船员，从普通船员到高级船员，都是中国人担任的。而从“方便旗”来讲，就没有这么多的要求，投资比例没有限制，船员的要求也没有限制，所以是一种很方便的登记制度，有很多公司为了躲避一些管理高标准的要求，就到那些注册手续简便的国家登记，在航行中，悬挂该国国旗。

据法新社消息，2002年7月，已有905艘外国油轮注册为巴拿马籍，而在两年前，注册登记巴拿马船籍的只有658艘。其他几个油轮大户，分别是利比里亚、马耳他、巴哈马、塞浦路斯等。

由于提供“方便旗”的国家并不对挂旗船只实行任何管理，船只的维修状况得不到有效监管，许多挂“方便旗”的船只因为年久失修、管理不善，航运安全无法得到保证。单壳油轮大多悬挂巴拿马、巴哈马、利比里亚等国的“方便旗”，目的是能够比较宽松地通过“安检”，沉没的“威望”号就是其中之一。在业内，这样的船只也被戏称为“流动炸弹”。

“海王星”号的灭顶之灾

1993年2月18日，一艘超载渡轮在海地外海遇暴风雨而沉没，渡轮上大约有2000名乘客，其中大

太子港码头

部分人都遭灭顶之灾。

海地红十字会会长乔纳·查尔斯接受电话访问报道说，渡轮“海王星”号16日沉没，至18日晚间，只寻获285名生还者。

“海王星”号是定期行驶于杰瑞米和太子港之间的渡轮，航程12小时。该船16日晚间从海地西部的杰瑞米出发，乘客人数众多，并载有大量货物和许多待售的牲畜。

“海王星”号那一周稍早时曾停泊在太子港码头，船上并无任何救生小艇，海难生还者8日告诉当地记者说，“海王星”号上没有救生衣、急救准备，甚至无线电通信设备也付之阙如。生还者说，沉船时，船上水手也束手无策。船长班杰明·圣克莱尔游泳到岸边获救，他说，船上乘客惊慌失措，导致海难扩大。

有生还者说，“海王星”号16日晚在狂风暴雨中颠扑摇摆，乘客惊慌叫喊，很多人冲到船的一侧，挤在一起，其他人慌忙爬上最高一层的甲板。众多乘客挤在最高层的甲板，甲板不支坍塌，造成船只倾斜翻覆，把人、牛、木炭等全部倾倒进大海中。许多乘客是紧抱住死牛尸体或是胶水罐，而得以生还。一名33岁的乘客说，他被海浪卷走后，拼命抓住一袋木炭，紧抱胸前，在汪洋中沉浮，终于在17日中午被一艘小渔船救起。一个气竭力衰的女人指着脚边的一只白色塑胶小水罐说："这只罐子救了我。我拼了命往前游。"

"海王星"号灭顶的附近海面上，布满了尸体和船上货物。

美国海岸防卫队驻海地的赖瑞·米佐少校说，有三层甲板的"海王星"在航向太子港的半途，遇上暴风雨，沉没在米拉尼市附近的海底。太子港和米拉尼之间毫无电信通话设备，使海难噩耗直到8日上午才传至太子港。

"这是近来最严重的海难之一，"米佐说。"海王星"号死亡人数之众，可与历史上其他大型海难事件相比拟。据美联社统计：1948年12月3日，难民船江崖轮在上海附近爆炸沉没，3920人死亡；1987年12月20日，菲律宾一艘渡轮与一艘油轮相撞，1749人灭顶；1954年9月26日，日本渡轮岛谷丸在津轻海峡沉没，1172人丧生。

根据米佐和救难人员计算，已有200多具尸体被打捞上岸。海地红十字会一名官员估计，死亡人数

大型油轮

可能达到1500人或更多。

美国海岸防卫队一名发言人在迈阿密说，海上尸体遍布，海防队驰援的快艇捞不胜捞，已放弃计算尸体人数。

米佐少校说，两艘海岸防卫队快艇和美国飞机在海难现场搜救，海地的海军并无操作能力，仅能派出两艘小型机动船支援搜索。

贫困的岛国海地缺乏良好道路和交通工具，数千海地人民只得倚靠渡轮行动。但是海地大部分的渡轮载重量小，又年久失修，频频传出引擎故障的意外事件。

据当地资料显示，“海王星”号的最高载客人数只有650人，但是16日晚间的乘客人数绝对超过2000人。“船员没有乘客名单，我们可能根本查不出有多少人上船。他们能塞多少，我们就载多少，”米佐说。

显然，这次世界航运史上巨大的灾难是由于严重超载引发的。

旋风袭击东巴基斯坦

1960年10月，20天内，面临孟加拉湾的东巴基斯坦两次遭到旋风的袭击。

这一地区的土著居民以渔民和农民为主。印度洋丰富的渔业资源使得渔民一年大部分时间都可出海捕捞。另一方面，作为恒河平原的一部分，其灌溉农业也很发达，恒河丰富的水源提供了农业丰收的保障。同时，随着现代航运事业的开拓，吉大港等港口日渐繁荣，每天进出港的货物很多，城市建设有了很大改善，商业贸易也兴旺起来。因此，如果不是旋风的袭击，这一地区可以说是富足的。历史上这里就曾多次遭受风暴的袭击，造成强度不一的损害，1960年10月的两次旋风则造成了惨重的损失。

10月10日，来自孟加拉湾的旋风以110千米的时速迅速向东巴基斯坦推进。当时，几乎是在人们尚未察觉的情况下，旋风即抵达近海，并将来不及躲避的在那里作业的几百条渔船倾覆。狂风卷起巨浪，风暴急剧地旋转，如利爪一样举起渔船，一下子把船抛在空中。跌下来的渔船不是头朝下没入水中，便是被波浪刺穿底部，散裂开来。许多船就这样在滔天的波浪中颠来倒去，被风暴吹折桅杆和船帆，直到破碎或沉没，船上的渔民没有几个能逃脱厄运。

旋风不满足仅仅在海上肆虐，它呼啸着向港口和陆地扑去。吉大港等地先后遭受袭击。在吉大港，旋风冲进深水港里，左冲右突寻找薄弱的环节。一些船只的桅杆被轻易地折断，小型船只则被力量极大的海浪凿沉。大小船只在风浪中拥挤碰撞，损坏颇多。一些船只为巨大的风浪所推挤，搁浅在陆地上。港口的房屋80%被摧毁，许多建筑倒塌，一些高大建筑被狂风拦腰斩为两段，低矮的房屋往往先被风暴掀起屋顶，再淹没在随之而来的海水中。人们哭喊着、奔跑着寻求安全场所，但只是徒劳无益地挣扎。失去保护的人们试图抓住一些坚固的东西来抗拒狂风，但在勉强地躲过狂风后又被随之而来的海浪残忍地扑倒、击昏，在劫难逃。到处混乱不堪，旋风威力极大，中心区卷起了许多东西。

风暴继续向陆上推进。离海岸较近的田野一片狼藉，旋风连根拔起了禾苗，海水侵蚀了土地。风暴在抵达恒河时也丝毫未减弱势头，它狂暴地横扫恒河两岸，像挥舞着铁臂的巨人把那些岛屿扫平。在蒙吉尔附近的恒河河岸也没能幸免，在风暴中倒塌并砸翻了一条大型渡船。船上百人中仅7人幸存，葬身河底的人有一大半尸骨无存。

许多地方在风暴和洪水洗劫之后都是一幅惨不忍睹的景象。在勒克瑙市，街道的洪水深达3.6米，水面漂浮着杂物与尸体，幸存者趴

灾难后的东巴基斯坦

在摇摇欲坠的楼房上呼天喊地。在科克斯巴，许多居民无家可归。在诺阿克，也有80%的房屋倒塌，人员伤亡众多。

不仅东巴基斯坦，连邻近的印度一些地方也遭到了风暴的强烈打击。印度的兰加提以及哈提亚的海上岛屿，还有孟加拉湾一带的狭长地区，在旋风及其引起的洪水中备受摧残，损失惨重。

最终，这次旋风中仅人员死亡即达4000余人，受伤者不计其数。然而，人们并未预料到这远不是最终的统计结果，因为仅半个月之后，在31日那天，惊魂未定的他们即遭受到又一次更猛烈的旋风袭击。旋风再次重创这一地区，并且变本加厉地造成更为巨大的损失。

这次旋风的袭击方式与上次如出一辙，但风速更快，高达每小时190千米，引起的海啸更强烈，危害也大得多。狂风在海上卷起几十米高的巨浪，疯狂地扑向海岸，把上次冲击后残存下来的防波堤彻底冲垮，直到荡然无存。海水肆无忌惮地直冲上陆地，把桑田变成沧海，良园化为泽国。村庄里，上次劫难的幸存者刚刚安葬完死者，擦干眼泪准备重建家园，看到风暴再次降临，几乎麻木了、绝望了。

海啸使近海的海平面上涨了许多，淹没了一些岛屿。库图普提亚岛的海水深达3米，暴雨持续4小时，居民逃生无门。而在陆地上的广大地区，洪水淹没了无数个村庄，不仅吞噬了一些居民的生命，还淹死了成千上万头牲畜。洪水退后，几乎到处都是人畜的尸体，散发着难闻的恶臭。农作物经过第二次洗劫，大面积绝收。

第二次旋风使1万人死于非命，数以十万计的人受伤或感染疾病。洪水淹死15万头牲畜，毁坏90万间房屋，使活着的大量居民无家可归。两次旋风成了东巴基斯坦人心灵上永远的创痛，一些幸存者痛苦地离开了这伤心之地，远走他乡。

1963年5月，强烈的旋风又袭击了这一地区，从其造成的严重后果看，可以说这是一场“死亡风暴”。

5月25日上午，东巴基斯坦沿海地带的天气晴朗，与平时并没有什么不同。中午时分，天阴沉下来，并越来越闷热。渐渐地，天空转晴，一切笼罩在昏黄的微光中。海鸟开始惊叫着盘旋。在吉大港和其他一些地区，有经验的居民们停止了工作，他们知道，这样的天色接下来就可能出现大风或雷雨。有人做起防护工作，加固自己的房屋；渔船和别的船只预备靠岸或进入深水港；工厂和政府部门准备提前下班；田野里劳作的人们也准备提前收工回家。

但风暴已急不可待，它的到来比人们预料的快得多。先是有巨大的尖啸声传来，紧接着吉大港外的海面已卷起排山倒海的巨浪，时速为240千米的旋风，以迅雷不及掩耳之势直达港口。旋风由无数个涡旋组成，互相裹挟着横冲直撞。每个涡旋的直径大小不一，有的只有1米左右，有的则达几十米，但都威力巨大，它们飞快地旋转着，把卷进去的东西快速旋到空中去，几百条在近海作业未来得及停靠的渔船成了最初的牺牲品，它们一条条被卷进漩涡又被抛向空中，然后从高处跌下，与飞速旋转着的利剑一般的海浪相撞，很快便粉身碎骨。有几条船还恰好是落到岸上摔碎的。海上风大浪猛，渔民大都被淹死。旋风卷起十几米乃至几十米高的巨浪冲向防汛堤，在反复的撞击下堤坝被击穿、击垮。在深港里，风暴到处乱窜，冲击着停泊在那里的大小船只。尽管有铁锚和串在一起的锁链保护，旋风还是轻而易举地损毁了一些船只。有时，它狂暴地打断船上的桅杆，撞烂甲板，洞穿船舱；有时，它像苍鹰抓小鸡一样揪起一只小船，让它在半空中飞行数十米甚至上百米后再跌得粉碎。一些船只沉没，有的散了架，飘浮在水面上的船板到处都是。最可怕的是旋风奋力把千艘轮船从停泊的港口吹卷到1千米外的陆地上，令人目瞪口呆。港口上矗立着许多装卸货物的塔吊，平时就像骄傲的巨人，这时也在风暴面前俯首称臣——旋风吹折了这些巨人长长的臂膀，让它们再也昂不起高大的头颅。在打击港口的同时，狂风飞快地冲向街道，大肆地撕扯遭遇到的一切。高大的建筑在旋风的强烈撼动下摇摇欲坠、东倒西歪；低矮的房屋很快倒塌，有的房顶被吹卷到空中。呼啸的风暴几乎无孔不入，横扫每一条大街小巷。瓦片乱飞，电线杆横倒，街上落满杂物。大树在旋风中剧烈摇摆，有的连根拔起飞到空中，有的拦腰折断，有的枝叶被削落，只剩光秃秃的树干。海浪汹涌着扑过来，在暴风的推动下扑打着一切。浪头就像一座推土机，破坏力极强，推翻了不少房屋。海浪随着旋风，一直深入到陆地达5千米——那是海水从未到达的地方。海浪所到之处，农田被毁，禾苗漂浮在水面上。

人们在风暴前所做的仓促准备起不到多大作用。风暴到来时人们徒劳挣扎。家园破碎了，亲人失散了，声嘶力竭的呼喊被风浪淹没。有人抱住大树，就同大树一起被吹到空中翻滚；有人被卷进涡旋，随着涡旋漂移；有人死在倒塌的房屋下；有人被海浪吞没。吉大港成了暴风杀人的场所。劫后的港口一片狼藉，泥水中到处是人的尸体，惨不忍睹，繁荣的海港像地狱一样可怕，死亡人数高达5000。

和吉大港损失几乎相当的是科克斯巴扎。该城房屋被毁一半以上，街道水深数尺，暴风和洪水夺去了5000多人的生命。

从5月25日到29日，旋风先后袭击了东巴基斯坦沿海286千米的地段，有上千条渔船被毁，100万个家庭被扫平，有的整个村庄被刮到海里。在风暴和海浪过后，沿海的许多岛屿已空无一人，满目疮痍。海水侵蚀过的土地多年后仍无法耕种。经历过这次悲惨劫难的幸存者们诅咒着灾难而流徙他乡。从破坏程度上说，这次旋风是1960年袭击东巴基斯坦旋风的20倍，共造成2.2万人死亡，受伤者不计其数，物资损失也相当巨大。

理查湾的巨浪灾难

1958年，在美国阿拉斯加地区的理查湾，曾发生过一场有史以来最大的海啸，其波峰高达520米，远远超出人们的想象。

理查湾位于阿拉斯加南岸。圣特列斯山脉西边的海岸线，是比较平滑的，而理查湾打破了这种单调，使得海岸线曲折起伏，向陆地深深地凹陷进去。粗看起来，这不过是极小的海湾：纵深不过11千米，最大宽度3.2千米；这片细长、中间宽阔的水域在湾口处，迅速变得特别狭窄。低潮时，湾口处仅300米宽，水深仅10米左右。但理查湾的海底很深，中央处水深达216米。而且在海湾左右两上湾岔的深处，又分别有理查冰川与北克利伦冰川流入。再加上它所面临的太平洋是海底地震多发区，海湾深处有两条贯穿冰川的东南—西北走向的弗亚维匝断层，理查湾便具备了发生海啸的条件，历史上曾发生过多次海啸。

1958年7月9日晚10时，理查湾一带接近黄昏。这片人烟稀少的辽阔河山，锦绣如画，万籁无声，看来并没有什么异常。海面上风平

理查湾巨浪

浪静，停泊在湾内的 3 只拖网渔船上，人们已经入睡。10 时 10 分左右，理查湾深处的弗亚维匝断层，突然发生了地震，震级为里氏 7.9 级。地底岩层像痉挛一样不停颤抖，发生断裂、碰撞。海湾深处耸立着的陡峭悬岸，发生了大片崩落。一块约 90 米厚、700 ~ 900 米长，总重量约 9000 万吨的巨大岩块以泰山压顶般砸向吉尔伯特湾岔的海面，发出震撼山岳的巨响。巨大的重力激起的波浪、地震和山崩引发了这次历史上最大的海啸。

在山岩迅猛扑落时，海水受到骤然冲击，像受惊的兔子那样直窜出去，迅即矗起，形成了高速传播的巨大波涛。滔天巨浪在海水的支撑下，越过山脚，一直向南方挺进。洪峰首先到达的地方是理查湾南岸的一片陡峭的悬岸，在那里，巨浪的冲击高度达 240 米，水柱直冲云霄，接着又向北岸反射回去。巨浪搅动了海湾里的海水，使得水面异常动荡和混乱，水说不上是往哪个方向流动。波浪向海湾口涌去时，大约有 540 米宽，它向前翻滚着、扩展着，没有后浪驱赶，简直是从海湾下面跃上来的。在海湾中间，波峰形成 30 多米高的水墙，滚动的水墙像成千上万头凶猛的野兽，争先恐后地向海湾口扑去。波浪是直立着急剧向前运动的，甚至在横越海湾中的赛诺塔夫岛时，也没有被岛划碎冲破，波浪的高度约 15 米，像一座整体移动的水上山峰。

山崩也同时引起了冰崩。海啸时，大量的冰块由冰川滑落，飞向海湾，又被巨浪裹挟着在空中翻滚。它们促使海啸以更大强度推进。第二天，人们在理查湾深处发现了大量的冰块，又大又明亮，特别显眼。一些大冰块的直径达 30 多米。一些冰块上夹杂着岩石碎片。在理查冰川接近海湾岔的末端，冰川后退了 300 多米；其原来的末端为一弯曲的三角洲形状，海啸后变成了陡峭的悬岸。

根据美国地质所顿·米拉博士的实地考察测定，巨浪的最高处在吉尔伯特湾岔西南突出的山脚下，也就是发生大片山崩的对岸。根据波浪所浸蚀的界线，米拉博士测定，巨浪扑到山坡上的高度为 516 米。而在这最大高度的地方，专家们步入树林时发现，海水曾淹没树干达数米。以此完全可以推断，巨浪高度为 520 米——这是历史上最大的海啸，它比此前记录的最大海啸还要高出 7 倍！后来进行的模拟实验证明这一结论是可靠无疑的。

海啸对人的打击并不大。由于经常发生海啸，这一带居民很少。

当时海湾内有三只渔船，埃德利号船的缆绳被海浪击断，这只孤舟像一片树叶被巨浪托举着,越过海岸，向岸的南边直抛过去，然后又被巨大的波浪拖回到海湾里，幸而船主乌利希与他7岁的儿子平安无事。巴加斯号渔船被抛向堤坝上空，抛起的高度至少达25米。在巨浪的浪峰上，船尾在前，径直朝下，猛烈地跌落下来，简直像表演一场空中飞舟杂技，令人心惊胆战。船已无法操纵，任凭狂涛抛跌，最后船底被撞穿，沉没在浪涛中。船主斯温孙夫妇靠一只小小的救生艇，在浪涛中颠簸了两个多小时，被一渔船救起。斯温孙自始至终目睹了这次有史以来最大海啸的发生、发展的过程,是这次事件最权威的见证人。圣玛号船是最不幸的，它在海湾口的南侧遇上灭顶之灾，船上的人全部葬身鱼腹。

这次海啸的持续时间并不长，只有25 ~ 30分钟，也没有造成较大的人员伤亡和财产损失。但其520米的巨浪高度几乎是不可逾越的,成为世界灾难史上的一大纪录。